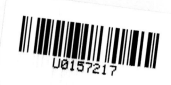

冬

气象中的二十四节气

郑远 著

九州出版社
JIUZHOUPRESS

序言

这套书其实就是一部精美的“月令”。

《月令》是“十三经”里《礼记》的重要篇章。我第一次看《礼记》时，最感兴趣的就是《月令》。这篇文章太有意思了，记载了天子在一年十二个月的时令中，要身在明堂的哪个房间，穿什么颜色的衣服，用什么颜色的马拉车，用圆形还是方形的器皿吃饭，等等。比如孟夏这个月，“天子居明堂左个，乘朱路，驾赤马，载赤旗，衣朱衣，服赤玉，食菽与鸡，其器高以粗。”“朱路”就是红色的车，衣服、马匹、旗子、佩玉，都是红色的。我心想做天子也不容易，吃饭穿衣还有这么多讲究（据说明堂没给天子安排闰月的房间，逢闰月没地方待，就在门口的过道里，所以“闰”的造字法，就是门里有个“王”字）。后来才知道，这些举措是为了符合“天道”，彰显一种权威，而符合天道的人，才有资格称“天子”。你说它是一种象征也可以，说是一种巫术也可以。

天道渺渺冥冥，靠什么具体的形象表现呢？古人简质，当然只能观察到节令的变化和物候的更替。农业社会的生产力主要靠春耕夏耘、秋收冬藏，更对这种天道有极强的依赖。所以古人自然会认为，节令变化就是天道的表现形式，是极其神秘的力量。今天科学昌明，当然不把这些现象当回事；但是“黑洞”“弦理论”“奇点”等，因为没有完全揭开谜底，仍然在普通百姓的心目中，往往和玄学不分彼此。所以，假如今天哪个地方还流行用这一套，那么，穿破洞裤以象征黑洞，执弹簧秤以象征DNA螺旋，开四个圈的奥迪车以象征四种基本作用力，听韩国BIGBANG乐队组合以象征大爆炸宇宙论，也未可知。

节令的变化，和地球公转有关。公转时地球倾角使太阳入射角发生变化，地面上获得的能量时多时少，就有了物候的变化。从这个角度来说，这种“天道”更应该叫“地道”或者“日道”，因为这“道”根本没出太阳系。太阳系之外，还有茫茫宇宙，漫漫星云，我们所处银河系的“银道”“本星系群”的“本道”，给我们带来的影响，恐怕还不知在哪个角落呢。

如今科学昌明，节令变化对人们来说不再神秘，而是与人们的生活息息相关，我们要靠节令控制下的物产维持生活。如这套书中所说，大家都喜欢在立夏吃豌豆糕，小满吃苦菜、捻捻转儿，芒种吃青梅，到底为什么这样？当然可以简单地概括“就是传统文化”。但实际上是不是呢——至少，我们体内和季节、温度息息相关的肠道菌群也是这样认为的。

风、雨、寒、暑，也时时刻刻影响着我们的生活，例如，小满时的“龙舟水”，芒种之后的梅雨天气。至于夏至之后的台风预测，事关沿海居民的安危，更是涉及极其复杂的计算，其程度并不差于天体运行。

所以，我们在今天观察节令，探究物候，并不是一种无事休闲的消遣，而是因其中有贯通古今的巨大奥秘。也许古人并不懂得复杂的气象预报，但他们通过敏锐的眼睛和丰富的经验观察到的大自然表征，却常常和今天的科学研究相吻合。他们应对自然的举动一旦广泛传播，或许就是一种社会现象。甚至有些时候，在一个现象的产生、一个民俗的消亡背后，往往蕴含着大自然的预兆或警示。比如，“小满吃苦菜”这种行为，是不是和明清小冰期导致的农业减产有关呢？

当然，这些猜测都是我写作时产生的奇思怪想，有待于专家学者的研究论证。但呈现在我们面前的这套书，却以准确的文字、精美的插图告诉我们：我们多少年来信守的“天道”（或“地道”）是什么样的，古人是怎么做的，今人为什么仍会这么做。毕竟，这是我们熟悉得不能再熟悉的生活。

民俗学者　李天飞

目录

冬

立冬

冬，终也，万物收藏也。

第一部分

气象特征

每年的11月7日或8日，我们都会迎来一年之中最后一个以“立”开头的节气，这就是立冬，它代表着冬季就此开始。

和其他三个以“立”开头的节气相比，立冬是最名副其实的。立冬节气时，我国进入冬天的面积高达600万平方千米。

立春时，我国大多数地方还是冬天；立夏时，我国夏天的面积不到国土总面积的四分之一；而立秋时，我国还处在气温最高的时期。为什么会有这种情况？这和我国季风气候的特点有关。相比而言，夏季风进得慢，退得快；而冬季风进得快，退得慢。因此北风一起，我国会迅速跨越秋天，进入冬天。

冬之乍来

我国的季风气候之所以会呈现冬季风进得快、夏季风进得慢的特点，是由两个原因造成的。

首先是海陆性质差异。由于海洋热容量大，所以在春夏之交海洋升温慢，在夏秋之交降温也慢，夏季风的前进总是缓慢的。相反，大陆热容量小，太阳辐射一旦减少就迅速降温，冷空气快速堆积，到立冬时如猛虎下山般南下，全国各地很快进入冬季。

其次是和地形、地貌密切相关。我国地形总体上呈三级阶梯，越往西、往北地势越高，往南、往东则地势较低，如果再加上领海，就是四级阶梯了。海洋暖湿气流向内陆推进时是“爬坡”状态，比较费劲，所以速度慢、势头缓和；而大陆冷空气南下时，相当于从高空俯冲而下，有充足的势能，往往势如破竹，非常凶猛。这也解释了为什么立冬前后我国降温的速度很快。

但与此同时，由于南岭至武夷山一线的阻拦，立冬时我国还有相当一部分地区是夏天，基本上集中在福建、广东、广西和台湾的沿海地区，当然还有海南省。值得注意的是，受海陆热力性质差异的影响，立冬时我国南海、台湾海峡南部和东海东南部仍然是夏天的海温，钓鱼岛、东沙和西沙等南海诸岛也是一派夏季景象。这也可以解释为什么立冬节气时还会有台风存在。

立冬阳光

立冬来势迅猛，前面讲的两个原因很重要，但最基础的因素，还是太阳辐射的变化。在立冬节气前后，太阳直射点已经深入南半球，全国各地的日照时间都在减少，尤其是北方，夜晚时间越来越长。即使没有冷暖空气的因素，各地气温也在快速下降，尤其是青藏高原、新疆、内蒙古和东北地区，都已重重封冻，进入寒冷的严冬了。

除了日照时间减少、日照强度降低之外，还有一个原因让立冬的阳光特别珍贵，那就是雾霾天气。由于地表温度降得比气温快，气温降得又比海温快，所以立冬节气时，水汽容易在地面附近集聚，形成雾；而当冷空气减弱时，又容易出现霾。在雾霾的影响下，阳光当然少了很多。

立冬气团和风雨

立冬时，我国陆地上已是大陆干冷气团占绝对主导。这些气团的来源地是广袤的北亚大陆，它们一般在西西伯利亚平原或中西伯利亚高原堆积，随后向南移动到蒙古高原，增强到巅峰状态后，再挟地势之威滚滚南下。正如我们之前所说，这些干冷气团的南下非常迅速，往往在两到四天席卷全国，从新疆一直吹到南海诸岛；干冷气团南下期间，我国会大范围刮起强劲的北风。

正因为此，立冬时全国各地不仅温度大幅下降，湿度也再度降低。北方白天的湿度甚至达到个位数，而在晴天时，南方白天的湿度也降到30%左右。在南方，立冬是“秋燥”感觉最明显的节气。

不过立冬时，暖湿气流也没有被“赶尽杀绝”，因为这个时候有一种天气系统，叫南支槽。西风带在冬季南压，遇到青藏高原后分叉，高原南面的一支被称为南支西风。有时候南支西风在孟加拉湾向南弯曲，这就形成了南支槽。这时热带海洋水汽就会进入我国，一般情况下，南支槽越深，水汽输送强度越大。正是因为有南支槽的存在，立冬时也会出现让南方人谈之色变的湿冷天气。

立冬典型天气

寒潮

立冬是寒潮最容易南下的时候。气象数据统计显示，冬季的11月和春季的3月都是寒潮多发的月份。2018年立冬前后，被媒体称作“超凶冷空气”的寒潮南下全国，速冻了整个长江中上游，武汉国家站的平均气温从19.6℃暴跌至9.6℃，最高气温更是从25.1℃跌至10℃。而这样的剧本，每隔两三年的立冬都要来一次。

雾霾

和寒潮相反，雾霾是由于缺乏冷空气，大气扩散条件不佳导致的天气现象。譬如2017年立冬节气前后，我国没有冷空气来袭，华北、华东天气静稳，上海的AQI（空气质量指数）多次冲破100，空气能见度降低。雾霾天气大多自立冬节气起开始出现。

暴雪

立冬时，我国总体水汽减少，但新疆阿尔泰山区、天山山区和东北地区的水汽仍然丰富。新疆的水汽主要来自大西洋水汽。东北地区既有黄海、渤海的水汽注入，又有日本海的直接水汽供应，因此在冷暖空气配合之时，往往会有暴雪出

现。如2018年立冬节气前后，受东北气旋的影响，牡丹江降下特大暴雪，过程降水量超过50毫米，而降雪量也超过40毫米，远超过特大暴雪的标准，甚至不到一个小时的降雪量就达到了11.8毫米，为历史罕见。

干旱

立冬时的干旱，南方比北方更严重，这是因为北方早已进入降水稀少的时节。如2019年立冬节气前后，华东地区的干旱扩张到福建和两广地区，厦门自9月1日至立冬节气的累计雨量仅为8.5毫米，汕头自10月到立冬节气的降雨量为零，均创历史最少纪录。

台风

虽然立冬时大陆全部由干冷空气控制，但热带海洋上依然热力充沛，因此立冬节气时，正是全年台风活动的最后一个高峰期。如2013年立冬节气前后，超强台风海燕袭击我国和菲律宾，造成严重影响；2018年立冬节气前，台风玉兔又携风带雨逼近我国，福建发布了历史上最晚的台风橙色预警。

第二部分

立冬三候

初候，水始冰。

二候，地始冻。

三候，雉入大水为蜃。

初候，水始冰。

关于立冬的物候记载都十分浅显易懂。立冬时节，中原地区开始冰冻，所以有初候的“水始冰”和二候的“地始冻”。两者表达的其实是一个意思，是指这时最低气温已经低于0℃，水开始从液态变成固态，这是寒冬最明显的象征。

二候，地始冻。

《月令七十二候集解》记载道："土气凝寒，未至于坼。"意思是寒气不仅在空中，更渗透到土壤中，土中的水分开始结冰，土壤变得坚硬。如果说"水始冰"是对气温变化的描述，那么"地始冻"就是对地温变化的描述。

三候，雉入大水为蜃。

“雉”是指野鸡一类的大鸟，而“蜃”为大蛤。这句话其实有两层意思，而这两层意思是独立、不相关的。第一层意思是，在立冬节气前后，已经不太看得到野鸡了；第二层意思是，此时海边出现了很多大蛤。这些现象都是天气变冷的象征，古人以为大蛤是野鸡入水后变成的，其实并非如此。

第三部分

节气习俗

冬景

［宋］刘克庄

晴窗早觉爱朝曦，竹外秋声渐作威。
命仆安排新暖阁，呼童熨贴旧寒衣。
叶浮嫩绿酒初热，橙切香黄蟹正肥。
蓉菊满园皆可羡，赏心从此莫相违。

迎冬

在古人的观念中，立春、立夏、立秋、立冬是二十四节气中最为重要的四个节气，分别代表四季的开始。立春日于东郊“迎春”，立夏日于南郊“迎夏”，立秋日于西郊“迎秋”，立冬日则要于北郊“迎冬”。立冬前三日，皇帝便开始斋戒，立冬当日，沐浴更衣后，率领三公九卿到北郊祭祀冬神玄冥，所有人身穿黑色服饰，车马和旗子也都是黑色的。玄冥既是司冬之神，也是北方之神，性格冷酷无情，“玄冥”这个名字就有黑色和阴沉之意。典礼结束后，皇帝会向百官赏赐过冬的衣物，并向为国捐躯的勇士家属进行抚恤，颁布救济孤寡的政令。

寒衣节

除了清明节，寒衣节也是我国传统的祭祀节日，又称“祭祖节”。寒衣节在每年的农历十月初一，通常是在立冬节气期间。进入农历十月后，寒风阵阵，天气明显转冷，家家户户升起炉火，找出御寒棉衣。万物萧条，叶落枝枯，勾起人们对逝去亲人的思念。在寒衣节这天，人们要祭祀先祖，凭吊已故的亲人，除了食物、香烛等一般供品外，还要准备用五色彩纸和棉花制成的“棉衣”，用“烧寒衣”的方式为先祖送去保暖衣物。

贺冬

贺冬也称“拜冬”，据说这个习俗始于汉代。东汉关于农事活动的专著《四民月令》中记载：“冬至之日进酒肴，贺谒君师耆老，一如正日。”立冬这天，人们带上美酒佳肴，拜访老师和敬重的尊长，向他们表达自己的祝愿，一起庆贺冬日的到来。宋代时，贺冬习俗演变得更加热闹，大家像过春节一样穿上新衣，与师长和亲友互相道贺；民国时又有了新的变化，有的地方会在这天举办拜师会，父母和孩子带着礼物到老师家里登门拜师，老师则会设宴招待。除此之外，还有办冬学、办冬会等活动，这一传统习俗正是我国自古以来尊师重教、有礼有节的体现。

第四部分

花开时节

迷迭香赋

［三国·魏］曹植

播西都之丽草兮，应青春而凝晖。
流翠叶于纤柯兮，结微根于丹墀。
信繁华之速实兮，弗见凋于严霜。
芳暮秋之幽兰兮，丽昆仑之英芝。
既经时而收采兮，遂幽杀以增芳。
去枝叶而特御兮，入绡縠之雾裳。
附玉体以行止兮，顺微风而舒光。

板蓝

提到板蓝，大多数人都会想到板蓝根，这种中药的原料正是草本植物板蓝的根。板蓝又叫马蓝、山青，是爵床科马蓝属植物，花果期在9月到11月。它的根和叶都可入药，具有清热解毒的功效。板蓝根喝起来味道微苦，但板蓝开出的花却十分优雅。初冬，在我国南方地区的野外，常常能看到开着紫花的板蓝。这些花都是成对儿出现，两朵或四朵同时盛开，长长的花冠筒弯下来，几乎要和花序轴成直角了，表现出小野花的谦卑与低调。板蓝的叶子经过加工后，可得到天然蓝靛染料，苗族一些地方如今仍然用它来做蜡染。

迷迭香

迷迭香原本生在地中海地区，是一种传统的香料作物，闻起来芳香清醇，欧洲人普遍把它用在熏香、医疗、保健、化妆等领域。它的叶子带有茶香，可搭配其他食材，起到调味的作用。迷迭香属于常绿灌木，花期在11月，有着细长的墨绿色叶子，淡蓝色小花簇生于短枝顶端，仿佛海中升起的晶莹泡沫，拉丁文里称它为“海中露”。根据《香谱》记载，迷迭香自西域传入我国。三国时期，人们对迷迭香格外迷恋，据传正是魏文帝曹丕将这种植物栽培到中原。人们把迷迭香制成香囊佩戴在身上，诗人们更是尽情抒发对它的钟爱。曹植在《迷迭香赋》序中写道：“余种迷迭于中庭，嘉其扬条吐香，馥有令芳，乃为之赋曰云云。”在庭院中种植迷迭香，在当时也是一种风尚。

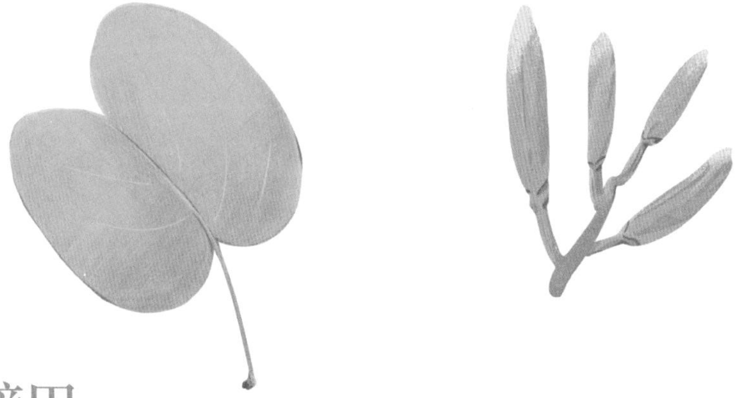

羊蹄甲

羊蹄甲又名紫花羊蹄甲，花期在9月到11月，是南方常见的豆科羊蹄甲属植物。羊蹄甲的叶子很有特点，整体呈椭圆形，前端有一个缺口，看起来就像是羊的蹄子，因此得名“羊蹄甲”。紫花羊蹄甲的花是桃红色，五片花瓣向后微微弯曲，似乎正准备迎风飞起。

羊蹄甲属植物中还有一位更加知名的成员，就是香港特别行政区的区花洋紫荆，又名红花羊蹄甲。由于它与紫荆花的形状相近，羊蹄甲属和紫荆属又是“近亲”，很多人将它误认为紫荆花；又因为名字中带有“洋”字，常被人以为是外来品种，实际上，它可是我国香港土生土长的本地花。

第五部分

给身体加加油

冬季是身体的抵抗力较弱的时候，劳动了一整年的人们在立冬这天要好好休息，全家围坐在一起吃些热腾腾、热量高的食物，一来给身体加加油，增强体质，以便有足够的能量度过寒冬；二来也为了犒赏自己和家人一年的辛苦付出。

吃肉补冬

寒冷的冬季即将到来，古人想尽一切办法抵御严寒，炭盆、暖炕、暖阁、足炉，五花八门的取暖设备陆续登场。除了用火来取暖，人们还想到了以食取暖，于是便有了“立冬补冬”的习俗，至今已延续了千年。

《月令七十二候集解》中记述：“冬，终也，万物收藏也。”此时，草木凋零，已完成收割、晾晒的农作物被整齐地堆放在仓库中，动物们也都藏了起来，准备冬眠。冬季是身体的抵抗力较弱的时候，劳动了一整年的人们在立冬这天要好好休息，全家围坐在一起吃些热腾腾、热量高的食物。

“立冬补冬，不补嘴空。”在北方地区，“补冬”的方式是吃饺子。大年三十是旧年和新年之交，立冬是秋季和冬季之交，都是“交子之时”，而“饺子”正是“交子”的谐音。

在南方地区，“补冬”的方式通常更豪爽，那就是大口吃肉。羊肉炉、姜母鸭、四物鸡、麻油鸡……肉香味一时传遍大街小巷。在江浙一带，立冬日杀鸡宰鸭炖了吃，称为“养冬”；有的地方讲究吃猪蹄，有“吃前蹄补手，吃后蹄补脚”的说法，目的是防止冬季手脚冻伤而讨个好彩头；江苏南京则要吃葱，俗语说“一日半根葱，入冬腿带风”。

古人感受到气候变化对身体的影响，于是积极主动地调整生活方式，“补冬”的习俗世代相传，漫漫冬日也因此充满了暖意。

甘蔗

立冬时节，在潮汕等地有一种特殊的食俗——吃甘蔗。当地民谚有云：“立冬食甘蔗不会齿痛。”据说这是因为甘蔗能消除火热，而且吃甘蔗牙口必须好，咀嚼甘蔗对牙齿和口腔肌肉也是一种锻炼。

甘蔗成熟后不再消耗养分，制造出的多余糖分会存在甘蔗的下段，因此下段吃起来往往比上段更甜。把那几节甘蔗切成小块，放进嘴里用力咬下去，甜滋滋的汁液立刻溢满口腔，可以幸福地嚼上许久。不过，并不是所有人都是从最甜的部分吃起，东晋大画家顾恺之每次吃甘蔗，都是从上段开始，逐渐吃到下段，原因是要“渐入佳境”。这种“先苦后甜”的做法也是一种对待生活的态度。

甘蔗是热带、亚热带作物，我国南方阳光充足，雨水充沛，很适合种植甘蔗，但中国并不是甘蔗的原产国。现今人们普遍认为，甘蔗的原产地是新几内亚或印度，大约在周朝时传入我国。屈原在《楚辞·招魂》中写道：“胹鳖炮羔，有柘浆些。”其中“柘”是古代人们对甘蔗的称呼，“柘浆”就是从甘蔗中取得汁液，到了汉代才出现“蔗”的说法。

东汉时期，人们已将甘蔗同糖联系在一起。《怪异录》中记述：“长丈余颇似竹，斩而食之既甘，榨取汁如饴饧，名之曰糖。”魏晋时期，甘蔗的种植区域不断扩大，品种也逐渐增多，出现了可以直接加工成糖的品种。到了唐代，用甘蔗制糖的技术初步形成，但蔗糖的质量并不高。贞观二十一年，唐太宗下定决心，遣派使臣不远万里跑到印度摩揭陀国学习熬糖法，学成后立刻下诏令，命扬州上贡当地种植的甘蔗进行试验，结果做出的成品在颜色、味道上，竟然比印度出品的还要好。

北宋诗人黄庭坚写过一首蔗霜颂诗："远寄蔗霜知有味，胜于崔子水晶盐。正宗扫地从谁说，我舌犹能及鼻尖。"这里的"蔗霜"指的是用甘蔗制作的水晶色冰糖，为了回味蔗霜的美味，诗人的舌头都要舔到鼻尖上了。

小雪

气寒而将雪矣，地寒未甚而雪未大。

第一部分

气象特征

“立冬交十月，小雪地封严。”这句民谚点出了小雪的时间特点和气象特点。时间特点是，小雪紧随立冬而来，立冬后天气越来越冷，半个月后就是小雪；气象特点是，立冬后空气变干的速度放缓，到小雪时甚至会稍微增湿一点，所以才有可能下雪。

一般年份，小雪节气在11月22日或23日，此时太阳抵达黄经240度。在小雪节气到来时，我国初雪恰好来到中原地区，也就是河北南部、河南、山东西部这一带，是古人居住生活的核心地段；而此时我国下雪的地方开始多于下雨的地方。因此，小雪也是最浪漫的节气之一，无数文人墨客争相为它填词写赋。

冬之愈深

小雪节气时，冬季风进一步南下，大陆干冷气团畅通无阻地直吹南海，南岭和武夷山再也抵挡不住西伯利亚的北风了。正如之前所介绍的，由于冷空气南下叠加了地形的势能，所以吹起来特别猛烈，南下的速度特别快，和夏季风缓慢地北上形成鲜明对比。和立冬节气相比，小雪时我国冬季向南来到长江边，入冬的部分省份甚至已经跨过长江，冬季的面积扩大了130万平方千米以上。

小雪时，新疆大部分地区、内蒙古、东北三省、山西北部、陕甘宁北部和青藏高原已全部进入隆冬，中午最高气温低于0℃是家常便饭；而华北平原、陕西关中平原等地区，日最低气温已经稳定低于0℃，日最高气温也很难高于10℃。这时如果有暖湿气流北上，高空500米以上的气温低于0℃，就会形成降雪，这就是“气寒将雪”。

与此同时，江南却还是秋天，广东和福建沿海、海南和台湾大部分地区还是夏天。当然，在冷空气的连续攻击下，这些地区的秋和夏也不堪一击、摇摇欲坠，即将在大雪、冬至、小寒和大寒中，逐步缩小它们统领的面积，江南的秋天甚至会完全消失。

湿气北上

和立冬节气一样，小雪时我国大部分地区都在快速降温中；但和立冬节气不一样的是，小雪节气时我国各地的湿度有所上升。虽然在靠近地面的大气层中，还是干燥的北风占绝对主导，但在2000米~3000米的高空，水汽却从孟加拉湾、南海、东海、黄海、渤海和日本海进入我国。可以说，小雪节气是湿气北上的节气，这是大范围初雪的基础。

为什么小雪节气时，水汽反而比立冬时节多呢？这也是因为南支槽。正如我们在之前的篇章中提到的，立冬时西风带南压碰到了青藏高原，往往会分流为南北两支，其中北支西风带常常会带来干冷气团，但南支西风带在孟加拉湾弯曲向下后，往往会变成我国的“水渠”，这就是南支槽。南支槽形成和加深后，我国的水汽就会有所增加，这就是小雪时节雾气更多、雨雪增多的天气原因。

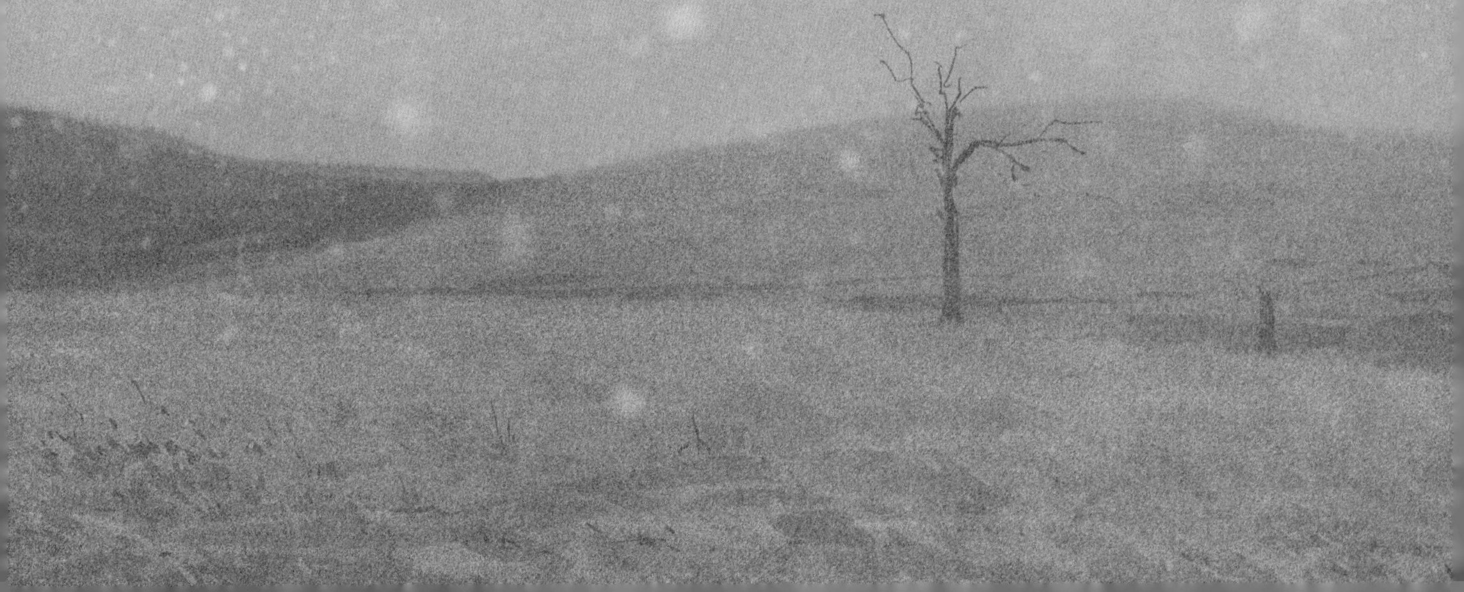

初雪南下

和水汽北上同步的，是我国初雪不断南下。立冬节气时，我国的初雪还远在塞外，而到小雪节气时，雨雪分界线已经跨过长城，来到黄河流域——这里正好是立冬时我国的秋冬分界线。可见，古人对冬天和初雪的关系掌握得非常到位——气象意义上的冬季开始后半个月左右，初雪就将到来。

有些年份的初雪甚至会更早南下。如2019年的小雪节气前后，降雪闯入长江流域，合肥普遍出现冰粒，局地转雪；武汉北部山区白雪纷飞，天河机场也观测到了降雪；南京海拔100米以上的地方也出现了雪花。

南方阴雨

不过，在一般年份的小雪节气，南方并不会下雪，但由于水汽特别丰富，倒有可能下雨。虽然下雨时的温度看似比下雪时高，但湿冷的感觉尤其叫人难受。如2018年的小雪节气前后，四川就遭遇了连续阴雨，11月中旬末，成都温江气象站的最低气温降到2.8℃，与此同时湿度达99%。正如网友所说，这种湿冷确实不是“物理攻击”，而是“魔法攻击”。而2017年的小雪节气前后，台风鸿雁的残留云系和冷空气结合，海南岛在较强回波的笼罩下出现连续阴雨，海南东南部的降雨极为猛烈，万宁局部降下了260.6毫米的特大暴雨。

台风终结

在一般年份里，台风到小雪节气时不再登陆我国，或是对我国造成直接影响。虽然菲律宾以东的太平洋上仍然可能生成台风，但由于我国近海被强大的东北季风控制，台风一旦靠近，就会被冷空气压制减弱，甚至直接消散。虽然凡事总有例外，例如2004年，台风南玛都在小雪和大雪节气之间登陆了台湾；1974年，台风Irma在小雪节气后登陆了广东，但它们登陆时都已被冷空气摧残得奄奄一息，影响较小。

第二部分

小雪三候

初候，虹藏不见。

二候，天气上升地气下降。

三候，闭塞而成冬。

初候，虹藏不见。

这里的“虹”，是指彩虹，一般在雨后，阳光经过雨滴的折射而出现。而小雪节气，雨滴都没有了，即使有降水也变成了雪花，不会折射阳光形成彩虹，自然也就“虹藏不见”了。这四个字，精妙地点出了小雪节气前后的天气特点。

二候，天气上升地气下降。

古人讲究阴阳交合，天气和地气分别代表阳气和阴气。阴阳交合活跃之时，万物复苏，欣欣向荣；反之，两者貌合神离、渐行渐远时，万物萧瑟，了无生气，严冬到来。天气上升和地气下降，也为“闭塞而成冬”奏响了前奏。

三候，闭塞而成冬。

正是因为天气上升、地气下降，阴阳不再相交，所以万物失去生机，不再交流，进入闭塞而严寒的冬季。闭塞成冬，正是天气上升和地气下降的结果。

第三部分

节气习俗

问刘十九

［唐］白居易

绿蚁新醅酒，红泥小火炉。
晚来天欲雪，能饮一杯无？

腌寒菜

腌菜是我们非常熟悉的一种蔬菜加工方法，腌菜拌白饭，吃起来特别香，还能增进食欲。古时候，腌菜最初并不是为了满足我们对美味的追求，而是为了最基本的食用需要，使人们在食物匮乏的寒冬季节，也能有蔬菜吃。如今，我们有现代化的大棚种植技术，一年四季都可以吃到丰富的蔬菜品种，即便是其他地区的当季蔬菜，也可以通过发达的交通运输，使它们新鲜地出现在我们的餐桌上。古代就不一样了，人们只能用腌制、风干的方式来延长蔬菜的保存期限，小雪过后天气干燥，正是腌菜的好时节，清代《真州竹枝词引》中就有相关的记载："小雪后，人家腌菜，曰'寒菜'。"

酿酒

《诗经·七月》中说："十月获稻。为此春酒，以介眉寿。"农历十月田间的稻谷收割了，用新米新谷酿制春酒，拿去为老人祝寿。其中，"春酒"指的就是冬天酿造，春天出窖的酒。民间自古就有冬季酿酒的习俗，称为"冬酿"。这个时候庄稼已经完成收割，田里的农活儿也基本都结束了，人们开始躲在家里"猫冬"，有更多的时间用于酿酒。酒是祭祀场合的重要祭品，岁末将近，到那时会有很多的祭祀活动，因此，有些地方在入冬后，就开始做酿酒的准备。若是在小雪节气酿的酒，就称为"小雪酒"，经过长时间的酝酿发酵，待到来年便可得到一缸缸甘洌的好酒了。

晒鱼干

除了腌菜和酿酒，在福建和台湾中南部临海地区，当地渔民有小雪节气晒鱼干的习俗，为即将到来的新年备制年货。小雪前后，成群的乌鱼、旗鱼游过台湾海峡，一些地方在农历十月还可以捕获到“豆仔鱼”，民间谚语就有“十月豆，肥到不见头”的说法。晒鱼干是老一辈渔民们的必备技能，把捕来的鱼从中间剖开，收拾干净后，一层盐一层鱼放到容器里，还可加入花椒、大料、陈皮等佐料，在阴凉处放置十几天后，挂到通风处风干即可。如此看来，各地在小雪节气里的习俗大都与吃有关，毕竟在寒冬季节，吃好饭是最重要的事。

杀年猪

在很多以汉族为主的农村地区，小寒节气杀猪备肉，是为过年做准备，称为“杀年猪”。不过，土家族“杀年猪”的时间则要提前到小雪前后，人们还会将新鲜的猪肉熬制成“刨汤”，邀请亲友们一起来喝，提前感受过年的热闹。旧时，养猪虽然在乡村十分普遍，但通常要等家猪养到一定斤数才会宰杀，所以杀猪也成了特殊日子里的大事。

第四部分

花开时节

茶梅

［明］陈道复

花开春雪中，态较山茶小。
老圃谓茶梅，命名亦端好。

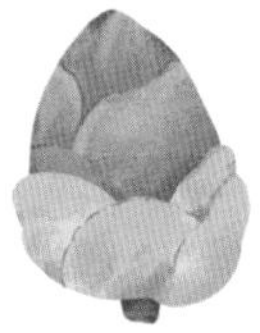

茶梅

明代绘画大师陈道复有一首《茶梅》诗，诗中说茶梅“命名亦端好”，大概是因为这个名字说出了茶梅花的特点。但是千万不要被它的名字骗了，茶梅不是梅类，而是山茶属植物。之所以叫茶梅，是因为它的叶子和花长得像山茶花，花期在11月到翌年2月，和梅花一样都是盛开在冬季。宋代诗人陶弼诗云：“浅为玉茗深都胜，大曰山茶小海红；名誉漫多朋援少，年年身在雪霜中。”其中的“海红”，就是古人对茶梅的称呼，从中也可看出，茶梅和山茶花虽然形似，但要比山茶花更加玲珑。

宽叶十万错

宽叶十万错是爵床科十万错属草本植物，分布于我国云南、广东等省份。“十万错”这个名字听起来有些奇怪，关于十万错属植物的命名，目前并没有明确的说法。有人猜测，这是因为这个属的植物较难确定其分类，常和其他属的植物相混淆。与十万错属其他植物相比，宽叶十万错的叶子要更宽一些，呈椭圆形或卵状的心形。它对自己的花十分珍爱，每次只开放一到两朵，花期在11月至翌年2月，花色洁白，下唇瓣上有紫色的斑纹，像是在调皮地冲我们吐舌头，很是可爱。

八角金盘

八角金盘是一种常绿灌木，花期在10月底到11月，白色的小花紧紧相簇，形成一个个“绒球”，离近了看，可以看到每朵花有五片花瓣，顶端尖尖的，小巧精致。相比它的花，人们往往更爱它的叶。叶子像大大的手掌，由多个裂片组成，虽然名叫“八角”，上面却没有八个裂片，反而多为七个或九个。之所以叫“八角”，是因为过去曾有一段时期，人们常把它与八角莲、八角枫相混淆，后两种植物都有长着八个裂片的叶子。下雨天时，不知是否会有小昆虫躲到八角金盘的叶子下，让一只只“大手”为它遮风挡雨。不过，苍蝇倒是一定会经常来的，因为八角金盘是靠蝇类来帮它传粉的。

第五部分

大山里的熏香

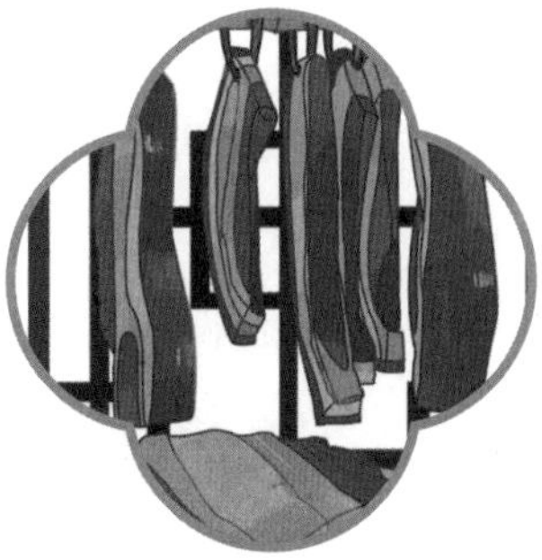

小雪节气后，气温急剧下降，天气变得干燥，正是制作腊肉的好时节。为了熏制出好吃的腊肉，人们会到山里寻找柏树枝。柏树枝自带清香，含有丰富的植物油脂，在不完全燃烧的情况下，油脂会变成微小的颗粒附着在腊肉上，于是肉里也有了大山的味道。

腊肉

“冬腊风腌，蓄以御冬。”小雪节气后，气温急剧下降，天气变得干燥，此时正是制作腊肉的好时节。家家户户磨刀向猪，把鲜肉制成腊肉储存起来，等到过年时享用。

在民间，小雪至立春前的冬腊月，很多人家的院子里都挂满了腊货，迎着冬风摇来晃去，惹得孩子们馋涎欲滴，也只能眼巴巴地看着。腌制腊肉的工序虽然不算复杂，却是需要耐心的。首先，要把盐均匀地涂抹在猪肉上，盐可以抽取肉中的水分，盐中含有的离子成分可以破坏微生物的形成，使食材长期保存而不会坏掉。人们配上花椒、大料、桂皮、丁香等佐料，把肉腌在大缸里。这一等，就是十几天，之后再用棕叶或者竹篾绳索将肉串挂在院子里，滴干水分；接下来，就是把肉挂到厨房里用烟火慢慢熏烤了。为了熏制出好吃的腊肉，人们还会到山里寻找柏树枝。柏树枝自带清香，含有丰富的植物油脂，在不完全燃烧的情况下，油脂会变成微小的颗粒附着在腊肉上，于是肉里也有了大山的味道。

腌制好的腊肉散发着幽幽亮光，煮熟后更是黄里透红，一些地方呈现出半透明状，味道醇香，肥而不腻，越吃越带劲。怪不得千百年来，人们都被这种蕴含着大自然味道的熏香所深深吸引。

糍粑

小雪节气品糍粑，源于客家地区农历十月吃糍粑的习俗。“十月朝，糍粑禄禄烧。”这是一句非常形象的客家俗语，“十月朝”指农历十月初一客家人的“牛神诞”，也就是牛神的生日；“禄”是指把糯米粉团放到佐料粉里，像车轮一样前后左右地滚动，把糍粑完全包裹起来；“烧”是形容刚做好的糍粑热乎乎地冒着白气。

在“以地为生，以食为天”的农耕时代，农民种植庄稼离不开耕牛的配合。对于农民来说，朝夕相处的耕牛就像是家中的一员，是劳作时可靠的搭档，是祈求丰收的吉祥神灵。耕牛呢，则用任劳任怨的工作来报答主人的喂养之恩。每年十月初一，客家人便自己动手做糍粑，以祭祀和供奉牛神，为牛神庆祝生日，感谢耕牛常年的辛劳，同时也期盼着“牛神”助力，来年再获好收成。糍粑做好后不能马上吃，要先用生菜叶包起来几个，喂食家中的耕牛，之后大家才可以坐下来一起品尝。

制作糍粑要选取上等的糯谷，加工成糯米后，把糯米放进饭甑里蒸熟。饭甑是一种民间传统炊具，木头材质，由藤条箍成桶状，底部留有空隙，可以散发蒸汽。蒸好的糯米饭放进石臼里，用杵槌不断舂打，直到捣烂如泥才可以，也叫“打糍粑”。可不要小瞧这个动作，由于糯米极大的黏性和吸力，打糍粑可是一件花大力气的体力活儿，即使两个小伙子对站着交替打，在寒冷的小雪节气里也要冒出一身汗，第二天还免不了腰酸、胳膊疼。打好的糍粑取出后，趁热揉成一个一个糍粑团，放到花生碎、砂糖、芝麻等混合的佐料粉里，“禄禄”地打上几个滚，软乎乎的客家糍粑就做好了。与其他制作方法相比，手工打糍粑虽然耗时耗力，但做出来的糍粑却是最细腻柔韧的。也许正是因为来之不易，所以吃起来才格外香甜吧。

大雪

大者，盛也。至此而雪盛。

第一部分

气象特征

每年的12月7日前后，太阳抵达黄经255度时，大雪节气就到来了。关于大雪节气，有介绍说此时的天气会越来越冷，降水量逐渐增多，降雪达到极盛。其实这句话只说对了一半。大雪节气到来当然意味着天气越来越冷，但与此同时，降水量在继续减小，此时的降雪也并非达到极盛。确切来说，“大雪”是指降雪的概率增加，下雪的范围增大。

大雪节气时，我国的初雪已经跨过秦岭至淮河一线，来到南方。由于海陆热力性质的差异，在长江中游，雨雪分界线直逼长江，而在长江下游的东部，雨雪分界线就稍稍偏北一些。在这个时期，我国下雪的面积远远大于下雨的面积，冬景越发凝重，最厚实的衣服要拿出来了。

冬近巅峰

大雪节气时，大陆干冷气团横行霸道，冬季风直吹南沙群岛，南岭和武夷山再也抵挡不住冬的脚步，除了南方沿海的几个地区外，我国进入冬季的面积几乎覆盖全境。冬季的面积达到860万平方千米以上，相当于国土面积的90%左右，近乎冬之巅峰。

除了内蒙古、东北三省、山西北部、陕甘宁北部、青藏高原和新疆大部分地区外，华北平原北部、陕西关中平原、山东泰山山区也已全部进入隆冬，中午最高气温开始低于0℃；而江汉平原、江淮平原等地区日最低气温开始低于0℃，日最高气温徘徊在10℃上下。这和雨雪分界线的向南推移，是完全一致的。

与此同时，江南的秋天即将消失，夏天退守至海南、台湾和潮汕闽南沿海。在冷空气的连续攻击下，东南沿海的夏天“不堪一击”，即将在大雪到大寒节气中逐渐消逝。

雪入南方

大雪节气时天气最明显的特点，就是降雪突破秦岭至淮河一线，来到南方的地盘。这个时候空气中的水汽含量并不如小雪、立春等节气丰富，但由于冷空气强劲，降雪的范围和概率反而比小雪、立春等节气时要大。例如2018年的大雪节气前后，一股强大的冷空气南下，与此同时，强大的暖湿气流也在北上，导致我国出现大范围的降雪天气。

在寒潮前部冷空气小分队和暖湿气流的共同影响下，武汉、合肥和南京都有降雪，杭州和长沙以雨夹雪为主，就连上海、南昌也飘起了雪花。

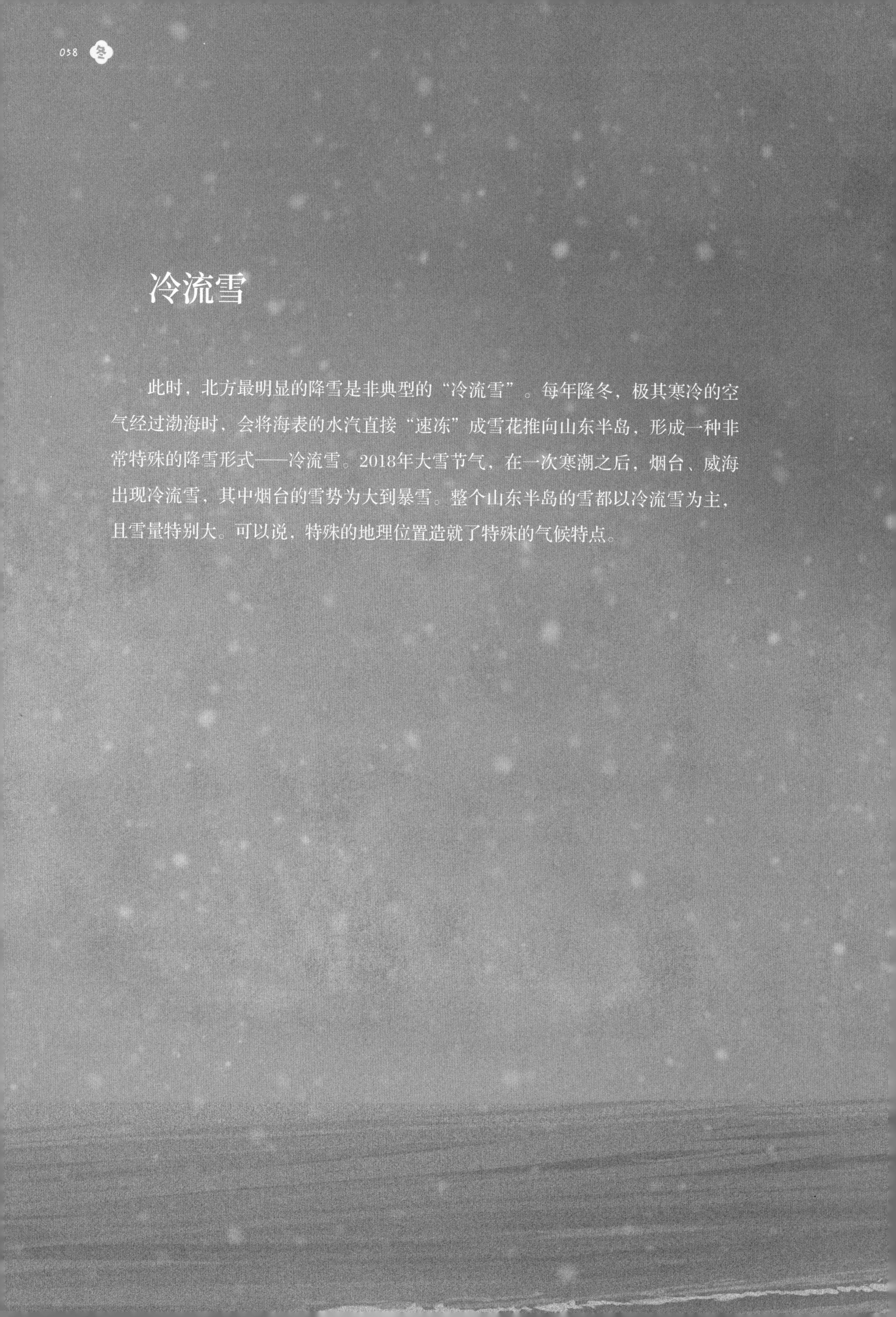

冷流雪

此时，北方最明显的降雪是非典型的“冷流雪”。每年隆冬，极其寒冷的空气经过渤海时，会将海表的水汽直接“速冻”成雪花推向山东半岛，形成一种非常特殊的降雪形式——冷流雪。2018年大雪节气，在一次寒潮之后，烟台、威海出现冷流雪，其中烟台的雪势为大到暴雪。整个山东半岛的雪都以冷流雪为主，且雪量特别大。可以说，特殊的地理位置造就了特殊的气候特点。

大雪“贫雪”

不过，大雪节气时的降雪依然具有偶然性，空气中的水汽比小雪时再度大幅减少，完全有可能大雪“贫雪”，甚至大雪无雪。如2017年12月7日，大雪节气到来这天，全国所有的国家级气象站中，没有任何一个地区观测到大雪，仅山东半岛上的烟台等地下了非典型的冷流雪，新疆天山两侧和东北山区下了点零星雪。可以这么说，大雪节气来临时，大雪完全缺席。

那么，是否说老祖宗定的节气不够准确呢？其实，古人说的“大雪”和我们常谈的“大雪”并不一样。古人认为的“大雪”是指气温越来越低，雪花比例越来越大，代表了气温的阶段性降低和隆冬的步步逼近。他们是以“雪”指代季节和物候，雪在这里只是一个意象，和中国画有异曲同工之理；而我们常说的大雪，是指降雪量比较大，单纯就是观感震撼、漫天鹅毛飞舞的雪。

当然，大雪节气里，这么“贫雪”也是难得的。不仅是少雪，雨也很少，全国最大的降雨也只有4.6毫米，水汽之匮乏可见一斑。与此同时，我国东北、华北遭遇接连不断的冷空气袭击，出现了暖冬常态化时代里的连续气温偏低，这种情况多年未见。这说明，“贫雪”和降水偏少、干燥干旱是一体的，它们共同的原因是干冷空气势力太强，而暖湿气流势力太弱。

不刮风就雾霾?

大雪时，三种天气盛行，雪、寒潮和雾霾。一般情况下，寒潮来时刮北风，而北风一停，就开始有雾霾。如2019年大雪节气前后，华北平原被雾霾笼罩，低空的浓密雾霾阻挡了阳光辐射，导致华北平原白天气温升不上去，湿度也降不下来；上空中污染物又不断堆积，空气质量持续变差。整个华北地区仿佛陷入恶性循环，只有等冷空气冲出太行山，雾霾才会由北往南逐渐消退。

为什么会这样？首先，北风一来大气扩散条件就变好，北风一停大气扩散条件就变差，这是物理学规律。其次，气候和地形原因也需要考虑。从气候上说，我国是最典型的季风气候区，冬天西北和东北季风做主，海风没法刮进沿海；从地形上说，有许许多多的东西向山脉和不计其数的小盆地。因此冬天来时，没有冷空气不行，弱冷空气不管用，干的强冷空气也只能管一阵子。

第二部分

大雪三候

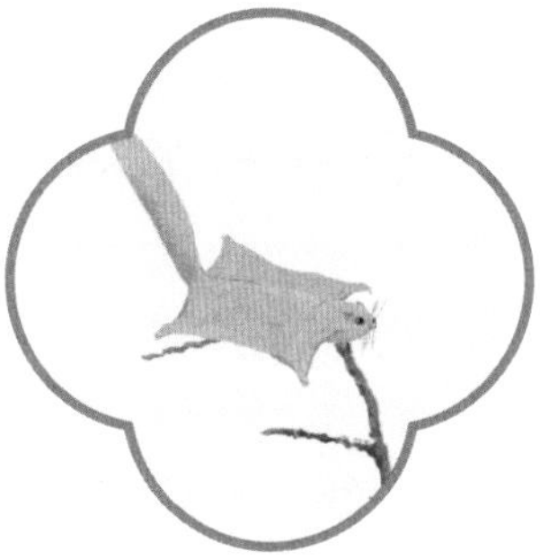

初候，鹖鴠不鸣。

二候，虎始交。

三候，荔挺出。

初候，鹖鴠不鸣。

鹖鴠（hé dàn）就是我们俗话中说的寒号鸟。它其实不是鸟类，而是一种啮齿类动物，喜欢叫，但在气温极低的隆冬，活动也会大大减少。寒号鸟都不叫了，正说明天寒地冻，大雪节气来了。

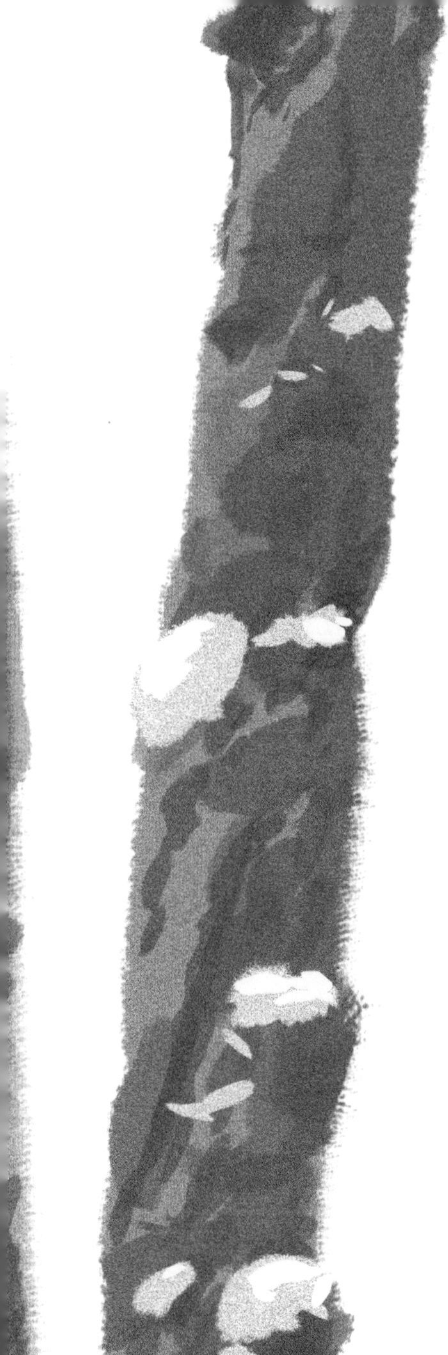

二候，虎始交。

这句话表达的就是它的字面意思：老虎开始活动，开始求偶。这是以动物行动表征的物候描述，乍一看和大雪节气没什么关系，但实际上，它象征着寒到极致、万物萧瑟到极限的情况下，一丝生机正在孕育。

三候，荔挺出。

这里的“荔”不是荔枝，而是野草的意思。“荔挺出”和“虎始交”一样，都表达了物极必反之意。在一片萧条之时，生命在萌动，暖意和复苏正在酝酿。

第三部分

节气习俗

夜雪

［唐］白居易

已讶衾枕冷，复见窗户明。
夜深知雪重，时闻折竹声。

夜作

夜作，是古人对加夜班的说法。清人顾禄在《清嘉录》卷九《九月·重阳糕夜作》中说：“百工入夜操作，谓之做夜作。”并且引用蔡云的诗句，来表现苏州织工在重阳日连夜赶工的情景：“蒸出枣糕满店香，依然风雨古重阳。织工一饮登高酒，篝火鸣机夜作忙。”

大雪节气里，宁波等地也有夜作的习俗。此时已是夜长昼短，不久之后，冬至节就要到了。古人认为“冬至大如年”，通常会利用大雪期间的漫漫长夜，为冬至节的到来做好准备。裁缝师傅忙着为客人赶制新衣；卖糕团店和杂货的商人忙着备料备货；刺绣、纺织、染布等手工作坊也都灯火通明。“夜作”连带着“夜宵”行业也红火起来，夜晚工作的人最容易饿肚子，小吃摊的老板抓住商机，加入到夜作的行列，做起了“夜作饭”的生意。

赏雪

大雪节气虽然会出现“贫雪”“无雪”的情况，可一旦大雪“如约而至”，那便立刻点燃了全民的热情，大家纷纷走出家门，堆雪人、打雪仗、赏雪景，从古至今，一向如此。宋人孟元老所著的《东京梦华录》，是一部专门记载北宋都城东京开封风土人情的著作，里面描述了富贵人家遇雪的情景：“此月虽无节序，而豪贵之家遇雪即开筵，塑雪狮，装雪灯雪，以会亲旧。”对于有钱人家来说，在没有重要节日的腊月里，下雪就成了设宴会友的契机。不过，大雪才不管你是富贵还是贫穷，它只顾尽情地飘洒，无论是北方的鹅毛大雪，还是南方的轻盈小雪，有雪之处便有欢声笑语。

藏冰

为了对付夏日的酷热，古人想到了一种未雨绸缪的方法——藏冰。藏冰，就是在冬天凿出冰块贮存，等到夏天时再取出使用。大雪节气藏冰的习俗历史久远，早在《诗经》中就有相关记载："二之日凿冰冲冲，三之日纳于凌阴。"意思是腊月里咚咚地凿冰，正月里将冰藏在凌阴里。"凌阴"是西周时人们对藏冰地窖的称呼，看管地窖的人被称为"凌人"。每年一到大雪时节，官府和民间的富贵人家便雇人开始藏冰行动。这是因为此时天寒地冻，极低的气温可以使冰块更加坚实。冰块最好采自不见阳光的山谷之中，尺寸不能太大，否则不好运输，也不能太小，不然容易融化。

第四部分

花开时节

茶诗

［唐］郑遨

嫩芽香且灵，吾谓草中英。
夜臼和烟捣，寒炉对雪烹。
惟忧碧粉散，常见绿花生。
最是堪珍重，能令睡思清。

一品红

一品红原产中美洲和南美洲墨西哥，是著名的观叶植物。它的叶子很神奇，本来为绿色，当花开放时，花朵周围的叶子就会变成鲜红色。与其说，红叶在迎接花朵的盛开，倒不如说，叶子直接把自己变成了“花”。红艳艳的叶子像一片火烧云，被下面的绿叶高高捧起，而真实的花则成了它的“花心”。在欧洲，人们称一品红为“圣诞花”，因为它的花期正赶上圣诞节。在我国，古人称它为“老来娇”，由于花期在10月到翌年4月，入秋后多数花木都渐渐枯萎凋谢，一品红反而越发鲜艳，犹如不服老的妇人，迟暮之年更要装扮得精神、优雅。

茶树

茶树原产中国，《茶经》中说它："树如瓜芦，叶如栀子，花如白蔷薇，实如栟榈，蒂如丁香，根如胡桃。"茶花的花期很长，为每年的10月到翌年2月，花瓣雪白，花蕊明黄。由于茶叶太过瞩目，茶花常被人忽视。不过还是有懂花的人，明代博物学家屠本畯就是其中一位，他在《茗笈评》中说："人论茶叶之香，未知茶花之香。"文中写到有一年他去大雷山，正赶上茶花盛开，童子摘下几枝养在家里，清香宜人。与屠本畯相反，文学家冒襄认为"茶花味浊无香，香气凝聚在叶子里"，或许是因为这香气清淡隐然，才会引起有香无香的争议。

满树的茶花虽美，但如果开得过于旺盛，就会影响茶叶的品质，这时茶农就会特意把花摘去。在茶叶面前，花也只能退居其次了。

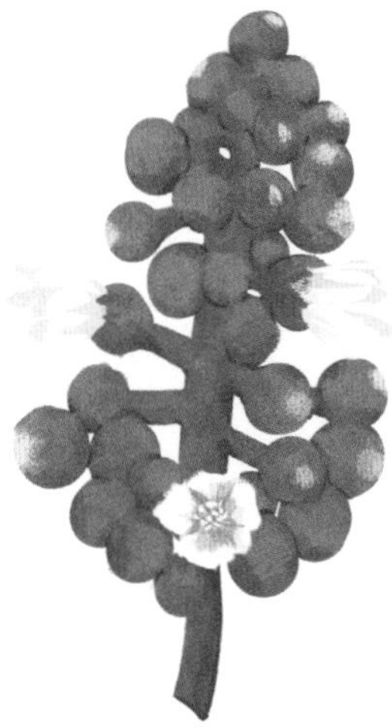

枇杷

“枇杷”之名源于其叶子的形状，和古代乐器琵琶有相似之处。枇杷叶有专门的名字，叫“无忧扇”，叶大而厚实，正面为油亮的墨绿色，翻过来背面长有绒毛。枇杷花在每年10月到12月间开放，由于花梗和苞片上长着一层土黄色的绒毛，使得白色的花瓣十分不显眼，反而是叶子比花更具观赏性。

比叶子更诱人的，自然是枇杷果了。古人评价枇杷“秋萌、冬花、春实、夏熟，备四时之气”，从孕育花蕾到果子成熟，历经秋冬春夏，吸收四季精华。明代诗人高启就对它念念不忘：“落叶空林忽有香，疏花吹雪过东墙。居僧记取南风后，留个金丸待我尝。”“金丸”指的就是枇杷。

第五部分

洁白如雪的美味

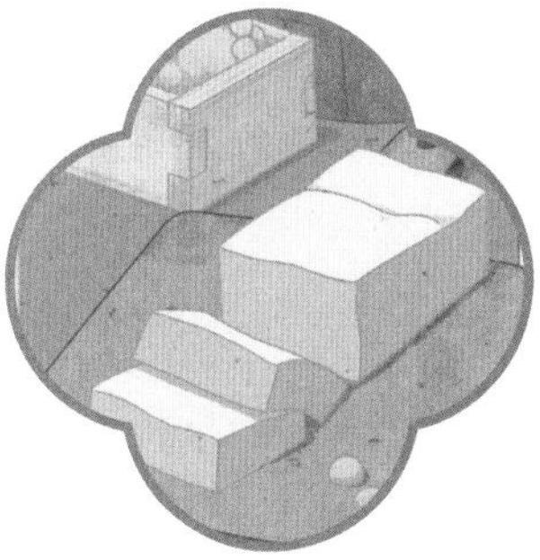

说来也巧，颜色洁白如雪的豆腐还和大雪节气有关。在苏州等地，磨豆腐是大雪时节一项重要的传统习俗。古时，严冬的食物相对匮乏，每到这个时候，人们便开始手工磨制豆腐，好让冬季的餐桌丰富一些。

豆腐

豆腐是我们熟悉的一种豆制品，无论节庆还是普通日常，餐桌上总少不了一道以豆腐为主的菜肴。说来也巧，颜色洁白如雪的豆腐还和大雪节气有关。在苏州等地，磨豆腐是大雪时节一项重要的传统习俗。古时，严冬的食物相对匮乏，每到这个时候，人们便开始手工磨制豆腐，好让冬季的餐桌丰富一些。豆腐总是惹人喜爱，胖嘟嘟，白嫩嫩，摸上去光滑柔软，吃进嘴里细嫩淡香。

打铁、撑船、磨豆腐，被古人称为“三大苦”。传统手工制作豆腐要经过选豆、浸豆、磨豆、滤浆、煮浆、点浆、成型等多个基本工序，以卖豆腐为生的人每天起早贪黑，十分辛苦，钱却少得可怜；又因豆腐造价低廉，即使是普通百姓也能买得起，豆腐渐渐成了勤劳、贫苦、清廉的代名词。明代开国皇帝朱元璋为了改变朝臣铺张浪费的陋习，别出心裁地摆了一桌“劝廉宴”。宴席上只有“四菜一汤”：炒萝卜、炒韭菜、两碗青菜、一碗豆腐汤，正是取“一清二白”之意。同理，廉洁奉公的官员被称为“豆腐官”。

民间有一句歇后语：“刘安做豆腐——因错而成。”谁是豆腐的发明者一直存在争议，根据已有的史料，人们普遍认为豆腐是汉文帝时代由淮南王刘安发明的。刘安是汉高祖刘邦的孙子，他特别喜欢炼丹，寻求长生不老药。有一次，刘安和助手炼丹时，无意间将豆浆洒到炼丹炉旁的一小块石膏上，奇怪的事情发生了，那块石膏一会儿工夫竟然不见了，取而代之的是一摊又白又软的东西。在场有人大胆地尝了尝，味道真不错。于是，刘安命人照此方法不断尝试，丹药没炼成，豆腐倒是“因错”而成了。

许多文人名士都是豆腐的爱好者，北宋大文豪苏东坡在《物类相感志》里记载豆腐的做法：“豆油煎豆腐有味。”由此成就了一道家喻户晓的名菜——“东坡豆腐”。清代时，豆腐进入上层社会家庭，经过不断改善出现了帝王专用的“皇家豆腐”。豆腐虽然富贵了，但却完全没有骄傲之心，依然以它的朴素与本色，占据餐桌上的一席之地。

涮羊肉

“千山鸟飞绝，万径人踪灭。”在北方，大雪节气被古人认为是“闭藏”的时节，大家都舒服地窝在暖炉旁“猫冬”。冬日的老北京城里，无事不出门，出门则很有可能是循着味道去的——涮羊肉的香味。老北京的涮羊肉讲究铜锅煮肉，竹炭取火，清汤锅底，葱、姜、枸杞调味儿；羊肉要切得“薄如纸，匀如晶，齐如线，美如花”，纹理清晰，不腥不膻；铜锅水沸，举筷开涮。

《旧都百话》云：“羊肉锅子，为岁寒时最普通之美味，须与羊肉馆食之。此等吃法，乃北方游牧遗风加以研究进化，而成为特别风味。”蒙古族是世居草原的传统游牧民族，族人特别喜欢吃羊肉，但蒙古大军常年征战，行军途中时间紧迫，炖羊肉就很麻烦。为了解决这个问题，军中厨师将羊肉切成薄片，放到沸水里一涮，捞上来就可以吃了。

屋外大雪纷飞，屋内热气蒸腾。亲朋好友围坐在火锅四周，一起“抱团取暖”，真是从胃里暖到心里。

冬至

终藏之气，至此而极。

第一部分

气象特征

冬至一般在每年的 12 月 22 日前后，冬至的“至”，是极致的意思。冬至，就是天文意义上冬天的极致。在这一天，太阳直射点在南回归线，离我国的国土最远，我国各地接收的太阳辐射为一年最小，日照时间为一年最短。

冬至时我国冬季的面积已经接近全年最大，和小寒、大寒没有太大差别。因此，冬至不仅是天文学上的极致，也接近热量上的极致，季节变化上的极致。虽然由于海陆热力性质差异，冬至后我国大部分地区的气温、近海海温还将继续下降，但离最低点已经不远，有时冬至日就是整个冬天的气温最低点。因此，冬至的“至”可以理解为隆冬的到来，也可以理解为全年最冷时节的到来。

隆冬已到

冬至时，我国各地接收的太阳辐射能量达到全年最低值，东北地区白昼很短，夜晚很长，“北极村”漠河的日照时间更是少得可怜。由于大陆储热能力很低，热容量很小，因此各地气温下降迅速，气象学意义上的冬天已经控制广西大部分地区，并且翻过福建、广东境内的山脉，直逼沿海地区，连海南、台湾的夏天也几乎消失得无影无踪。

阳光之末

此时，太阳辐射达到一年之中的最小值，堪称“阳光之末”，一是日照时间达到最短，二是太阳高度达到最低。全国各地在冬至这天接收到的热量是最少的，日照时间是最短的。例如，天津的日照时间只有九个半小时左右，比夏至日少了五个半小时。我国北方地区都是夜长大于昼长，而且越往北夜越长。在北极点，甚至会出现极夜现象。

最热冬至

不过，在全球气候变暖的趋势下，前文所说的“最冷冬至”变为少数情况，更多的情况是，冬至大幅偏暖。例如，2016年的冬至，汹涌的暖湿气流冲向整个南方，江浙沪和福建电闪雷鸣，广东和广西又湿又热，一派夏天的气息，人们甚至可以穿短袖。这一年的冬至，被称为“最热冬至”。

12月下旬，连冬至都到了，暖空气还这么嚣张，这是怎么回事呢？直接原因是副热带高压的强势，深层次原因是全球气候变暖。如果全球气候变暖的趋势不变，冬至穿短袖这种怪事将见怪不怪。

最冷冬至

冬至往往会有强大的冷空气南下。如2018年冬至时，多股强大的冷空气在西伯利亚集结，俄罗斯萨哈共和国局部气温降到零下50℃以下。它们随后兵分多路，扫遍我国，为2018年画上一个极其寒冷的感叹号。针对这股冷空气，中央气象台多次发出寒潮预警。

不过，一般冬至期间不是最冷的时候，小寒和大寒更冷，但凡事总有例外。2018年的这股寒潮过后，气象观测资料显示，北京南郊国家级气象站气温降低至零下13.9℃，这个温度在北京历史上可以说是“奇寒无比”，是1985年以来12月的最低气温。因此，2018年的冬至日被称为“最冷冬至”。

过冬与过年

或许是因为冬至时人非常脆弱，也或许是因为冬至象征着阴气极盛、阳气将发，所以古人特别重视冬至，甚至把冬至看作过年，不少地方称冬至为“过冬”，甚至是“过小年”。人们往往准备丰盛的菜肴，按照各地的风俗来度过冬至。譬如，北方地区冬至时要吃饺子，因饺子形状像耳朵，吃了饺子寓意耳朵暖和，在严寒的隆冬里不会被冻掉。

第二部分

冬至三候

初候，蚯蚓结。

二候，麋角解。

三候，水泉动。

初候，蚯蚓结。

蚯蚓对温度非常灵敏，它生活在土壤里，因此感知的是地温。在冬至时候，大气接收到的太阳辐射已经达到最低，而能量从大气传导到土壤需要时间，因此地温还没到最低时，还要继续下降。“蚯蚓结”就是指蚯蚓仍然蜷曲成一团，没有将身体舒展开。

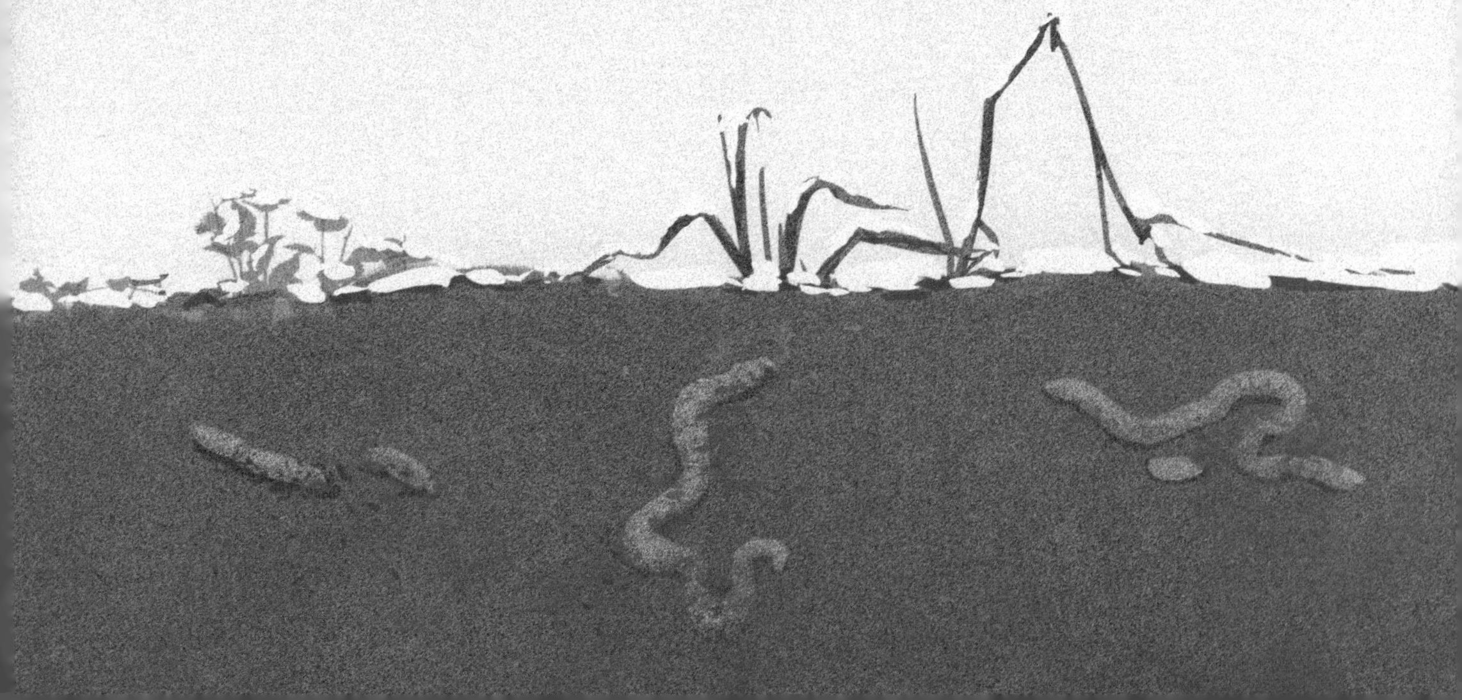

二候，麋角解。

古人认为，鹿和麋都是对温度非常敏感的动物，但它们的角的生理变化却是相反的。人们发现，每当夏至到来前后，鹿角就会出现脱落的现象。然而在冬至来临前后，麋角就会脱落，这是属阴的动物在感受到了阳气后解角，说明冬至是阴气达到鼎盛，阳气开始萌发的节气。

三候，水泉动。

天寒地冻之中，有泉水从地下汩汩冒起，似乎是阴气鼎盛、阳气破土而出。事实上，这是古人写意的说法。这种冬季破冰而出的水泉是和地质活动有关，和气候并无太大关系。

第三部分

节气习俗

辛酉冬至

［宋］陆游

今日日南至，吾门方寂然。
家贫轻过节，身老怯增年。
毕祭皆扶拜，分盘独早眠。
惟应探春梦，已绕镜湖边。

冬至节

古时，冬至是重要程度仅次于春节的节日，又称为“亚岁”或“冬节”。周代时，农历新年并不是正月初一，而是农历十一月初一，冬至节气和这个时间最为接近，人们在这天要举行重要的祭祀活动。到了汉代，由于采用了夏历，十一月初一不再是新年的开始，但是冬至成为一个官方节日。《后汉书》中记载：“冬至前后，君子安身静体，百官绝事，不听政，择吉辰而后省事。”冬至前后的这几天，皇帝不上朝，文武百官也全都不用上班，在家休养身体。宋时对冬至更为重视，“十一月冬至，京师最重此节”，后来甚至还出现了“肥冬瘦年”的说法，意思是冬至节太过热闹喜庆，把春节都比下去了。

祭天

自冬至起，白昼的时间一天长过一天，新的循环就此开始，而始于周代的冬至祭祀活动一直延续到后世，最重要的仪式就是祭天大典。《周礼·大司乐》中说：“冬至日祀天于地上之圜丘。”北京天坛是我国现存规模最大的祭天坛庙，为明、清两代皇帝祭天的场所。冬至日拂晓时刻，祭天大典正式开始。整个仪式分为迎神、奠玉帛、进俎、献礼等九道程序。冬季的黎明寒气逼人，晨光熹微，万物沉浸在庄严的气氛中，皇帝于圜丘之上与天“对话”，汇报过去一年国家发生的大事，祈愿来年继续得到上天的庇佑。

消寒游戏

北方的孩子大都会唱“九九歌”，冬至是“数九”的第一天，之后每九天为一个单位，数到“九九又一九”时，便迎来了“耕牛遍地走”的春天。除了九九歌，古人还画“九九消寒图”，记录从“一九”到“九九”的天气变化。

九九消寒图有各种有趣的形式，可分为图画版和文字版。图画版用墨勾勒出九枝梅花，每枝上画九朵花，从冬至开始，每天根据天气情况依次为一朵花染色，“晴则为红，阴则为蓝，雨则为绿，风则为黄，落雪填白”。文字版则是想出一句九个字的话，每个字都必须有九个笔画，例如“秋院挂秋柿秋送秋香”，按照颜色规则每天写一笔。在写写画画中，眼见天气渐渐变暖，直到“余寒消尽暖回初”。

赠送鞋袜

在我国历史上，冬至节还曾有向长辈赠送鞋袜的习俗。唐代《中华古今注》中记载：“汉有绣鸳鸯履，昭帝令冬至日上舅姑。”履，也就是鞋；舅姑，指的是公公和婆婆，儿媳赠送鞋袜给公婆，祝福老人健康长寿。这个习俗直到清代依然盛行，湖北《荆州府志》中描述冬至节时说：“荆人虽不拜庆，而袜履之献舅姑，仪如北地。”

第四部分

花开时节

蜡梅

［宋］王十朋

蝶采花成蜡，还将蜡染花。

一经坡谷眼，名字压群葩。

蜡梅

蜡梅也带一个“梅”字，但是它和梅花一点儿关系也没有。蜡梅是蜡梅科蜡梅属，梅花是蔷薇科杏属，它们是两种完全不同的植物。蜡梅在每年的11月到翌年3月间盛开，香气似梅花，只不过花是黄色的，花柄很短，花朵几乎挨着枝条，古时最初称“黄梅”。“蜡梅”名字的由来，据说和苏东坡、黄山谷有关。一次，他们在赏黄梅时，想到这种花“类女工捻蜡所成”，犹如用蜜蜡雕出，“蜡梅”的说法就渐渐在洛阳、开封一带流传开来。“一经坡谷眼，名字压群葩”，蜡梅因为两位大诗人的名人效应，受到越来越多人的赏识。寒冬腊月，正是蜡梅傲雪绽放的时候，所以也常被人写作“腊梅”。

朱蕉

朱蕉是一种常绿灌木，在我国主要分布在南部热带地区。整个植株很是清秀，茎细高，分枝很少，因与棕竹相似，又名“朱竹”。清代文人李调元所著《南越笔记》中记载：“朱蕉，叶芭蕉而干棕竹，亦名朱竹。以枝柔不甚直挺，故以为蕉。”又说它通体铁色透着微红，所以又叫“铁树”。朱蕉的花期在11月到翌年3月，《岭南杂记》中说它“叶紫如老少年，开花如桂而不香”。一串串紫色的小花开在阔大的叶子间，虽然努力地想要探出头来，怎奈还是被叶子抢了风头。

虎尾兰

虎尾兰是多年生草本观叶植物，它的叶子十分挺拔，片片直立着簇生在一起，和周围斜倒着的野草比起来，颇有威风凛凛的气势。在它墨绿色的叶片上，生有深绿色和浅绿色相间的横向斑纹，像是老虎身上的花纹，也称“虎皮兰”。叶片中含有强韧的纤维，可供编织使用。虎尾兰的花多开在11月到12月间，白色或浅浅的绿，毫不艳丽，夹在深沉的叶子中间，成为陪衬的一点亮色。叶子是虎尾兰的“颜值担当”，不同品种的叶子呈现出不同的特色，如边缘金黄的金边虎尾兰、边缘银白的银边虎尾兰等。

第五部分

护住耳朵过好冬

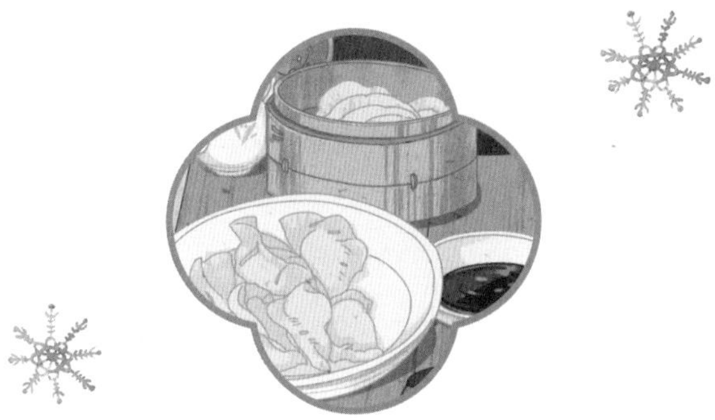

“冬至饺子”应是全国各地最为普遍的食俗，无论贫富，无论城乡，冬至这天人们都要吃饺子。“冬至不端饺子碗，冻掉耳朵没人管”，要是谁没端上一碗饺子吃，那可要捂好自己的耳朵了。

饺子

冬至是节气，也是节日，经过数千年的发展，冬至形成了独特的饮食文化。其中，“冬至饺子”应是全国各地最为普遍的食俗，尤其是黄淮及黄淮以北广大区域。

“冬至不端饺子碗，冻掉耳朵没人管”，这要从医圣张仲景说起。张仲景是东汉末年的医学家，著有医学著作《伤寒杂病论》，对推动后世医学发展起了重要作用。相传有一年，张仲景告老还乡，回到家乡南阳。此时正值寒风刺骨的严冬，张仲景看到白河两岸很多乡亲衣不蔽体，耳朵都被冻烂了。他心里非常难过，很快让弟子搭起了一个大棚子，在里面支起一口大锅，把羊肉、辣椒和一些驱寒药材放到锅里熬煮，然后捞出来剁碎，用面皮包成耳朵的模样，再放进锅里煮熟，制成“驱寒娇耳汤”。前来求药的乡亲每人两只娇耳和一大碗汤，吃下后，耳朵很快就痊愈了。人们为了纪念张仲景的仁心，每逢冬至这天都包娇耳吃，也就是我们所说的饺子。

和饺子有些相似的馄饨，也是冬至节气里的一道传统美食。冬至日太阳几乎直射南回归线，北半球白昼最短，黑夜最长，过了冬至日，太阳直射位置向北移动，白昼渐渐变长。古人由这种天文现象联想到盘古开天地。盘古劈开混沌，他的左眼升上天空化为新生的太阳，而冬至日的太阳也仿佛重获新生一般。冬至日吃馄饨，符合这天的时节特征，是一种关于文化的想象。另外，馄饨看上去外形犹如元宝，传递着吉祥如意的寓意。

汤圆

在江南一些地区，冬至盛行吃汤圆。“家家捣米做汤圆，知是明朝冬至天。”冬至节的汤圆又称为“冬至团”“冬节丸”“冬至圆”，各地叫法不同，做法也不尽相同。有些地方要在汤圆里包裹黑芝麻、花生粉、糖等制成的馅料，有些地方是直接将糯米揉成小丸子。台州的汤圆，则是将汤圆煮熟后，粘满豆黄粉食用，叫“擂圆”。一个个圆溜溜的小圆子，挤在热乎乎的汤里“探头探脑”，形象可爱，场面温馨，名字中的“圆”“团”“丸”又很讨喜，难怪会成为“团圆”“圆满”的最佳“代言人”。

在福建地区，冬至前一天的晚上，全家老少坐在桌前一起搓冬节丸。每人从和好的糯米粉团上揪下一小块，放在手心里揉搓成圆球状，放到大笸箩里晾干。冬节丸要特意搓得有大有小，象征着一家人齐齐整整，和谐团聚。孩子们可不满足只捏圆丸子，他们开始发挥创意，兴致勃勃地捏起各种小动物。“爱吃丸子汤，盼啊天未光。”冬节丸要等到冬至当天早上才可以吃，孩子们这晚可就睡不踏实了，心里总想着那碗香甜的汤圆。好不容易盼到天亮，他们催促着妈妈早早起床，把丸子、姜和红糖放到锅里一起煮，还可以放入芋头或红薯做配料。“食了汤丸大一岁”，孩子们是在盼着长大呢。

在制作冬节丸时，人们还会搓一些只有豆粒大小的“迷你丸子”，一般是十二粒，闰年是十三粒，象征一整年。这些是留给喜鹊吃的，叫“饲喜鹊丸”或“客鸟丸”。冬至当天，小丸子被扔上屋顶，喜鹊们闻食而来，为争抢食物而发出叽叽喳喳的叫声，俗称“报喜”。

小寒

时天气渐寒，尚未大冷。

第一部分

气象特征

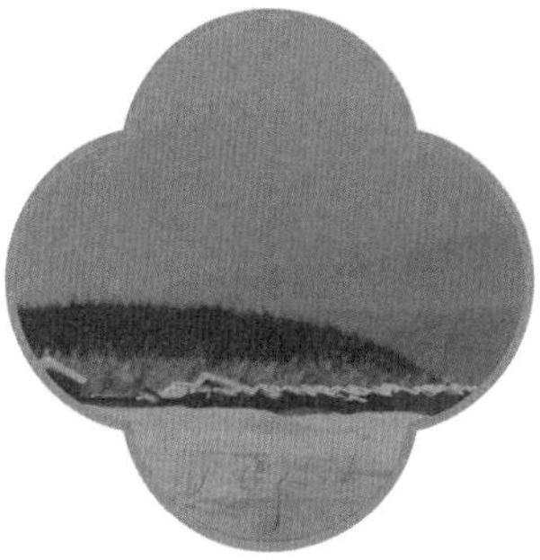

小寒节气一般在1月6日前后，“小寒近腊月，大寒整一年”。在古人的印象里，小寒和大寒是农历年即将结束，新年即将到来的标志。在现代气象学里，小寒也是我国北方最冷的节气。大家都知道的“三九天”，基本上都在小寒和大寒节气里。

小寒时，太阳直射点已经从南回归线向北移动，我国接收的太阳辐射和热量比冬至时多了一些。那么，为什么小寒反而比冬至时还冷呢？还是那句话：地表和海洋是吸热、储热的，从最低热量到最低气温，具有滞后性。北方更干燥，水体少，大陆性明显，所以北方最冷时间是1月上旬至中旬的小寒时节；南方湿润，水体多，海洋性强，所以南方最冷时间是1月下旬的大寒时节。而海洋的热容量更大，所以海洋最冷的时间是2月。

天寒地冻

小寒是北方最为干冷的时候，气候和地理上具有西伯利亚冷空气达到极盛、北方大陆性明显等特点。通常情况下，西伯利亚北风劲吹，东北的气温常常达到零下30℃甚至更低，内蒙古北部、黑龙江北部甚至可以出现低于零下50℃的温度，往往创我国冬季气温最低。这时，有部分自动站出现最低气温超出温度计量的情况，为防止低温影响观测设备正常运行，气象局业务人员会给采集器和串口服务器加盖棉被。这种直接由西伯利亚冷空气吹出来的降温，就叫“平流降温”。

还有一种情况是“辐射降温”。如果说平流降温要刮风，那么辐射降温不刮风，它是大地热量毫无遮挡地向天空散发导致的低温，往往温度很低，但因为风力不大，所以风寒指数不高。如2018年小寒时，寒潮吹走了长江以北的云，安徽淮河沿线、江苏徐州和宿迁、河南南部和湖北北部山区还有相当厚的积雪。这些地方在寒潮降温、融雪吸热、辐射降温的共同作用下，成为华中的“西伯利亚”，最低气温一般跌破零下10℃，接近或打破了历史纪录。

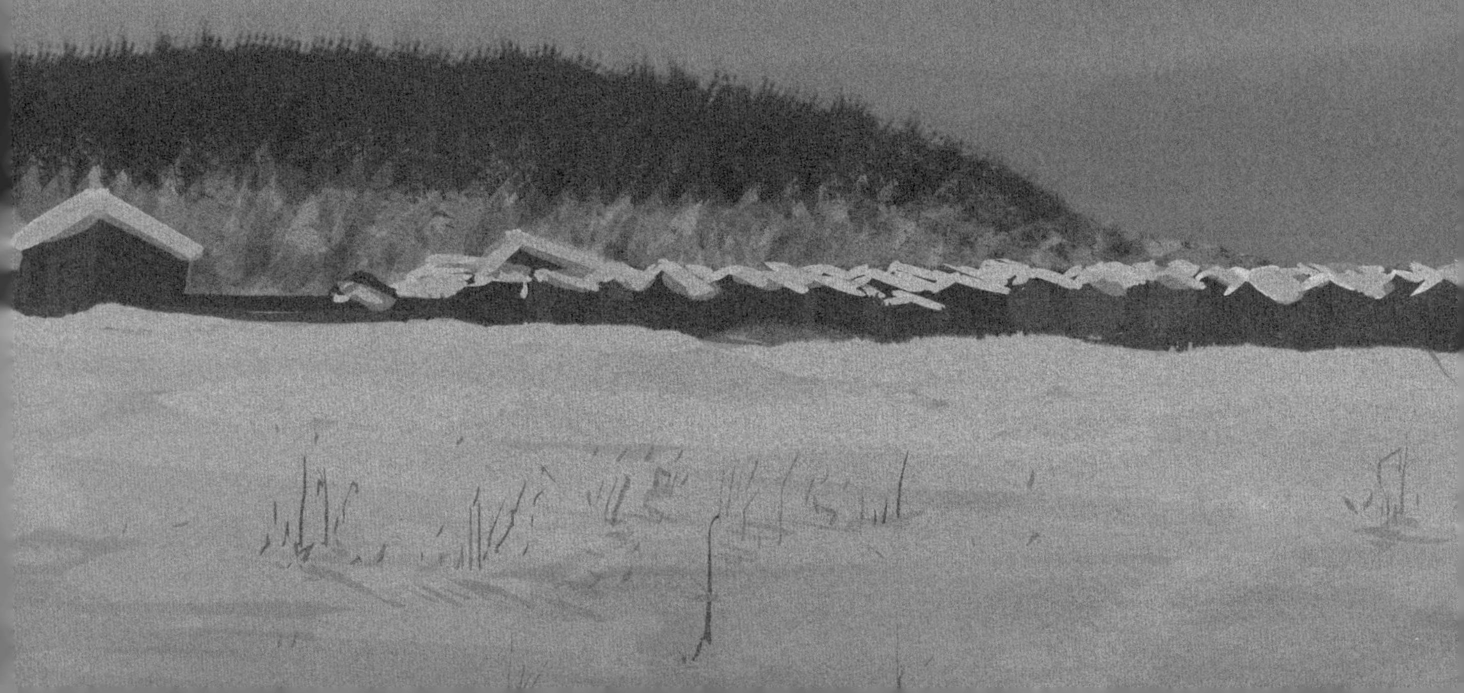

槽潮

小寒时还有一种非典型的降温方式，叫作“槽潮”，常见于西南和华南地区。众所周知，由于西南和华南地区有山脉保护，能严重影响这些地区的冷空气不多，寒潮更是少见，造成的大风、降温也不如北方和江南那么剧烈。不过，少见不代表没有，总有一些强冷空气如天兵天将般驾临。这种冷空气如果遇到强盛的暖湿气流输送，威力将会变本加厉。因为降水云系可阻挡太阳辐射，降水还可以将高空冷堆带到地面，加速降温过程。特别是隆冬时节，云南一旦遇到回流冷空气和暖湿气流碰撞，极易产生大范围降雪，而华南则会出现连绵阴雨。

西南和华南是否有强盛的暖湿气流输送进来，取决于南支槽的位置和强度。西风带在冬季南压，遇到青藏高原后分叉，高原南面的一支被称为南支西风。有时候南支西风在孟加拉湾向南弯曲，这就形成了南支槽。这时热带海洋水汽就会进入西南和华南地区，一般情况下，南支槽越深，水汽输送强度越大。如果冷空气和南支槽同时发飙，“槽潮”天气就会驾临。

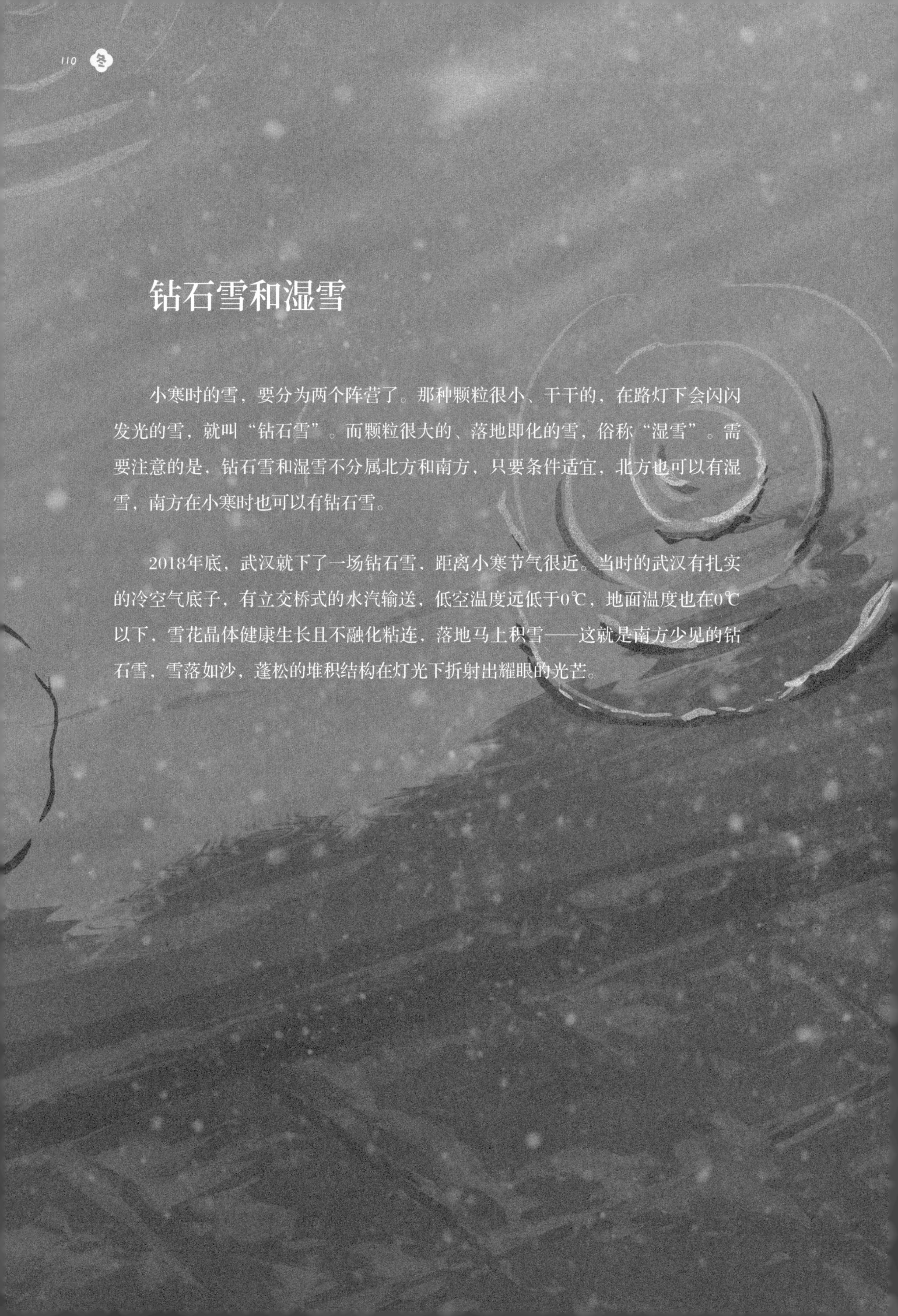

钻石雪和湿雪

小寒时的雪，要分为两个阵营了。那种颗粒很小、干干的，在路灯下会闪闪发光的雪，就叫“钻石雪”。而颗粒很大的、落地即化的雪，俗称“湿雪”。需要注意的是，钻石雪和湿雪不分属北方和南方，只要条件适宜，北方也可以有湿雪，南方在小寒时也可以有钻石雪。

2018年底，武汉就下了一场钻石雪，距离小寒节气很近。当时的武汉有扎实的冷空气底子，有立交桥式的水汽输送，低空温度远低于0℃，地面温度也在0℃以下，雪花晶体健康生长且不融化粘连，落地马上积雪——这就是南方少见的钻石雪，雪落如沙，蓬松的堆积结构在灯光下折射出耀眼的光芒。

大雾弥漫

因为大地气温实在太低，海洋温度比陆地温度高，所以小寒时特别容易起雾，尤其是冷空气暂停时。如2017年小寒节气，中央气象台在历史上首次发布大雾红色预警，当时水汽从南航、太平洋和印度洋大举北上，在灰霾帮助下浸润我国东部的半壁江山，京津冀、江浙沪两大经济中心中招，河南、山东、安徽所受影响最为严重。不过由于暖湿气流太强，这次的雾把霾压下去一点，各地的空气质量反而有所好转。

一号台风

出乎大家意料的是，一年之中的台风活动，往往从小寒节气开始。当然，这时候的台风不会袭击我国陆地，只会在遥远的热带海洋深处活动。如2018年小寒节气前，1号台风布拉万生成，2018年风季正式拉开帷幕。这是西太平洋在21世纪最早生成的1号台风，最终布拉万登陆越南南部沿海，引发了我国南沙群岛的风和雨。再如2019年小寒节气前，1号台风帕布在我国南沙群岛附近海域生成，它是有气象记录以来最早生成的台风，也是历经多次起落，曾被寒潮吹散，但又顽强复活的传奇台风。帕布虽然没有登陆我国大陆，但却和南支槽结合，给我国南方带去持续的大范围阴雨。

暖冬下的小寒

在全球气候变暖的背景下，小寒节气有时候会以温暖的面目示人，出现一些以前从未出现过的天气情况。如2020年的小寒节气，在副热带高压和南支槽的强强联手下，极强的暖湿气流从云贵高原和南海出发，直冲华北平原；与此同时，副高实际控制线登陆广东和福建，完全控制了海南和台湾。云贵高原尤其是贵州，出现了1月罕见的强对流天气，贵阳一带出现了夏天才会有的激烈暴雨、密集雷电甚至冰雹；北方雨雪全面加强，北京普降中雪，局部大到暴雪，陕西、山西、山东和河南雨雪强度明显加大；而东南沿海出现了极为温暖的天气，从广西到上海，各地气温纷纷逼近甚至打破1月最高温的历史纪录。

第二部分

小寒三候

初候，雁北乡。

二候，鹊始巢。

三候，雉始鸲。

初候，雁北乡。

小寒节气虽然是严冬，其物候表达的却是生命出现、生机萌发的景象。这不是古人记错了，而是阴阳交融、物极必反、否极泰来的思想映射。小寒三候都借鸟类说天气，大雁向北飞，准备回到家乡，说明北方即将度过最严寒的时期。

二候，鹊始巢。

这句话的意思可按字面理解，喜鹊感知到阳气的到来，开始筑巢，准备迎接春天，繁衍后代。大雁北归、喜鹊筑巢，以及后面要讲到的野鸡鸣叫，都是冬季盛极而衰的标志。

三候，雉始鸲。

“雉”是野鸡，“鸲”是鸣叫的意思。野鸡开始鸣叫，正是说明虽然小寒时天寒地冻，但回暖的迹象已经出现，大地回春的希望已经到来。在小寒和大寒过后，春天将不可阻挡。

第三部分

节气习俗

稚子弄冰

[宋] 杨万里

稚子金盆脱晓冰，彩丝穿取当银钲。
敲成玉磬穿林响，忽作玻璃碎地声。

放年学

旧时的学生也要放寒假，称为“放年学”。清代《燕京岁时记》中说：“儿童之读书者，于封印之后塾师解馆，谓之放年学。”民间学馆的放假时间和如今的寒假差不多，从春节前的腊月一直到正月十五，过了元宵节就开学了。《红楼梦》第二十回中，贾环因放年学而来贾府玩：“彼时正月内，学房中放年学，闺阁中忌针黹，却都是闲时。”近代著名作家包天笑在回忆录中写道：“在新年里，是儿童们最高兴的一个时期。我们从前在学塾里读书，并没有什么星期日放假之例。除了每逢节假日，放学一天之外，便是每日一天到晚，关在书房里，即使到了夏天，也没有像现在那样，要放暑假。不过到了年底、年初，这一个假期，却比较长。大概是每年到十二月二十日，便要放年学了，到了明年正月十六日，或迟至二十日，方才开学。”

冰戏

冰戏，又称“冰嬉”，就是古代的冰上运动。寒冬季节，北方地区冰冻三尺，不但冰面厚实，而且结冰持续时间长，逐渐形成冰戏的习俗。清代是冰戏的鼎盛时期，自顺治至光绪年间，每年“三九”的第六天，朝廷都要举行“大阅冰鞋”的典礼，由参演队伍在冰上演习各种阵式，以纪念特种军队“八旗冰鞋营”曾经的一次战役胜利。滑冰车是孩子们喜爱的冰上游戏。冰车在古代也叫冰床、冰排子，元代时是作为冰上的交通工具，后来才演变为专门供人玩耍的玩具。满族妇女的“轱辘冰”活动最为独特，农历正月十六日晚上，她们三五成群地躺在冰上，一边翻转滚动一边唱：“轱辘轱辘冰，腰不痛，腿不疼，身上轻一轻。”希望将坏运气统统转落。

冻冰花

冻冰花是北方孩子们冬日里经常玩的游戏。用亮彩纸剪出想要的造型，放到碗里，倒满水；再拿一根棉线，一头放进碗里，一头露在碗沿外面，然后把碗放到屋外的窗台上，一晚上水就冻成结实的冰了。拉着棉线把冰块从碗里提起来，亮彩纸的图形在里面晶莹闪亮，孩子们得意地欣赏着自己的冰冻作品。在华北一些地方，腊八节的前一天就有类似冻冰花的习俗，叫“冻冰冰”。人们把萝卜切成小片的花形或星形，用香菜作绿叶，一起放进盛满水的碗里，再撒上几粒谷子。经过寒夜的冷冻，第二天早上倘若碗里冻起了冰疙瘩，就预示来年粮食大丰收。

第四部分

花开时节

山茶

［宋］陆游

东园三月雨兼风，桃李飘零扫地空。

唯有山茶偏耐久，绿丛又放数枝红。

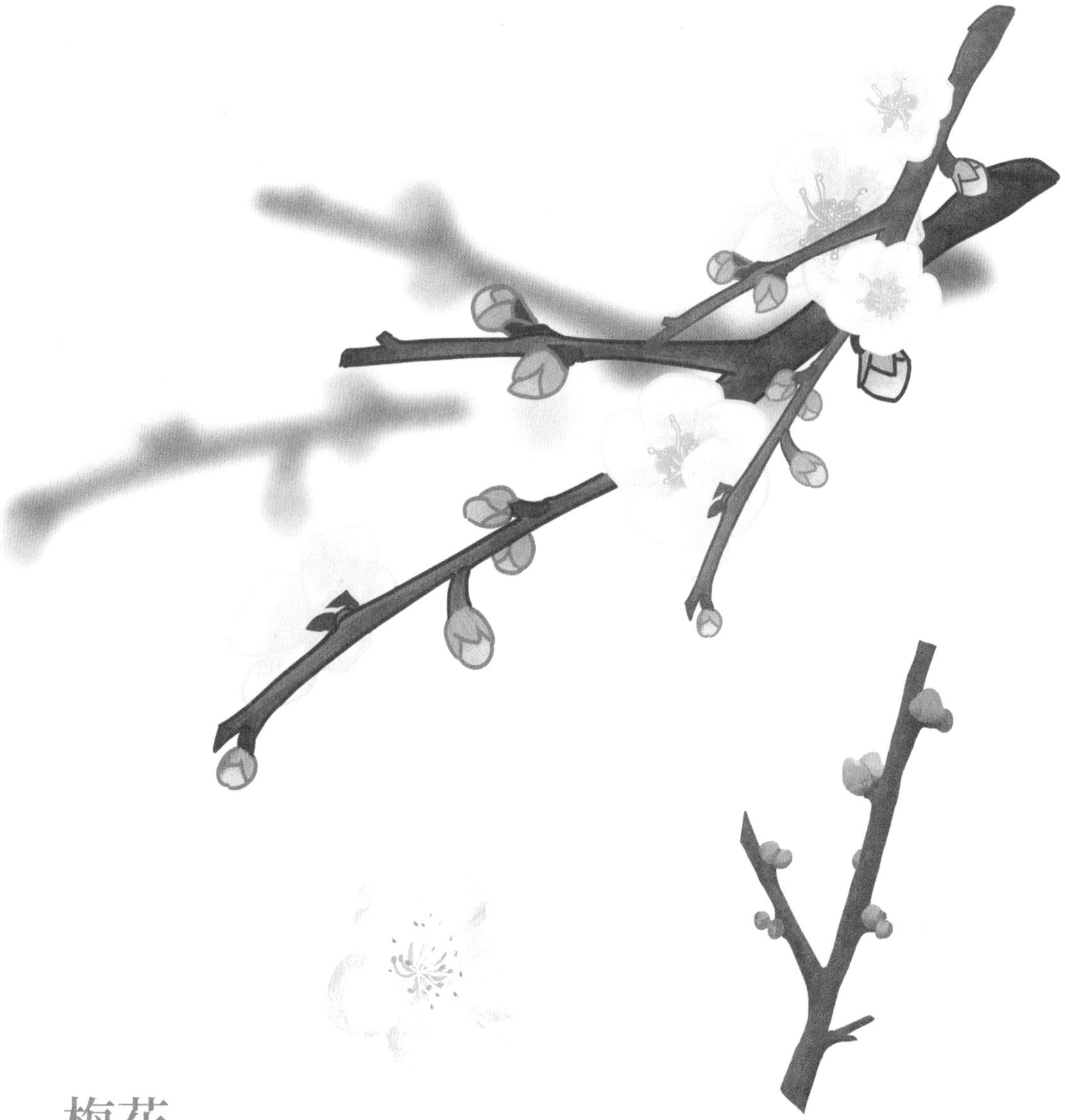

梅花

梅是中国十大名花之首，与松、竹并称“岁寒三友”，又与兰花、竹子、菊花并称“四君子”，花期在冬春季节。野生的梅花原产我国西南一带，后来逐渐传播到长江流域和台湾地区。古人最初注意到梅树并不是为了花，而是看重它的果，酸酸的梅子除了食用，还常被用作祭祀。汉代以后，人们开始欣赏花的美，到了南宋，赏梅就极其讲究了。按照南宋文人张镃的说法，赏梅要在“澹阴晓日、薄寒细雨、轻烟佳月、夕阳微雪”之景中，梅树边应有珍禽、孤鹤、清溪、小桥、松竹相伴；赏梅的人也不要无所事事，此时若能“林间吹笛、膝上横琴、石枰下棋、扫雪煎茶”，与此情此景最相融。

山茶

山茶是我国传统的瑞花嘉木，品种繁多，花期在10月到翌年3月，南宋诗人陆游的名句“雪里开花到春晚，世间耐久孰如君”，咏赞的就是它开花持久的特点。在少花的冬季里，赶上春节和元宵佳节，山茶花最受人们追捧，被视为祥瑞的象征布置在家里。野生的山茶多为单瓣红色小花，经过人类长期的选育栽培，重瓣、半重瓣的品种越来越多，花色也有红、黄、白、粉四种颜色。云南的山茶因其植株高、花朵大而闻名，明代旅行家徐霞客在《滇中花木记》中为它称奇道：“滇中花木皆奇，而山茶、山鹃为最，山茶花大逾碗，攒合成球。”想象大如碗口的娇丽红花挂满高枝，该是何等的繁丽之景。

水仙

水仙，指的是中国水仙，与兰花、菊花、菖蒲并列为“花中四雅”。水仙的花期在1月到2月，它的鳞茎可以贮存养分，只要把它放在一盆清水里，便可开出素雅幽香的白花，“得水而不枯”，故名水仙。水仙瘦高纤细，花朵宛若白衣少女，脚步轻盈地踏于水波之上，诗人黄庭坚称它为“凌波仙子”，“凌波仙子生尘袜，水上轻盈步微月”。水仙的别称也不全是这样超凡脱尘，有的就很接地气，比如“雅蒜”和“天葱”，这是因为它的根似蒜头，而茎似葱的缘故。古人常以洛神比喻水仙，前者是神话中的水神，后者是百花中的水仙子，于是，洛神顺理成章地成了水仙的花神。

第五部分

热气腾腾一碗粥

小寒节气正值农历十二月，农历十二月为腊月，腊月初八是腊八节。在“小寒大寒，冻成冰团”的节气里，喝一碗热气腾腾、料足糯香的腊八粥，盘算着过大年的计划，内心真是超满足呀！

腊八粥

小寒节气正值农历十二月，农历十二月为腊月，腊月初八是腊八节。大家都知道腊八节要喝腊八粥，但是很多人不知道，这个食俗可能起源于佛教传说。释迦牟尼成佛前，为寻求解救众生的办法，舍弃王位，离家修道，过着苦行僧的生活。一天，他因劳累过度昏倒在地，一位牧羊女用泉水、杂粮和野果煮成粥将他救醒。释迦牟尼获救后，在菩提树下跏趺而坐，最终在腊月初八这天悟道成佛。世人为纪念他所受的苦难，年年都要在这天喝腊八粥。这个习俗随着佛教一起传入中国，并于宋代在民间开始流传。清代时，喝腊八粥的风俗更加盛行。在皇宫里，皇帝、皇后和皇子要向大臣、侍从、宫女等人赐腊八粥，还要向寺院发放米粮等物。寺院则用大锅熬制腊八粥，施与贫苦人家。

腊八粥里究竟放的是哪些食材，其实并没有一定之规，不同时期和不同地区的做法也不相同。《燕京岁时记·腊八粥》里记载：“腊八粥者，用黄米、白米、江米、小米、菱角米、栗子、红豆、去皮枣泥等，和水煮熟，外用染红桃仁、杏仁、瓜子、花生、榛穰、松子及白糖、红糖、琐琐葡萄，以作点染。”这么一数，就足足有十七样，各种谷类、豆类、干果在岁末齐聚一堂，热闹的气氛一下就被烘托出来。这还不算完，更有厉害的人家，用食材做成仙人、寿星、动物等形象放在腊八粥上。比如，“果狮”就是用脆枣当身子，半个核桃仁当狮子头，桃仁当狮子脚，杏仁当尾巴，用糖粘在一起而成。

民间至今有童谣传唱：“小孩小孩你别馋，过了腊八就是年，腊八粥，吃几天，沥沥拉拉二十三。”在“小寒大寒，冻成冰团”的节气里，喝一碗热气腾腾的腊八粥，盘算着过大年的计划，内心真是超满足呀！

菜饭

旧时的南京人对小寒节气很重视，素有吃菜饭的食俗。菜饭，顾名思义，里面至少要有青菜和米饭。倘若把青菜和米饭分别做好后拌到一起，并不能算真正的菜饭。菜饭是在烹饪过程中，就要把菜肴和米饭结合在一起。正宗的“南京菜饭”，通常会用到南京特产矮脚黄、香肠或板鸭，撒上姜碎，与糯米一起煮熟。

矮脚黄是南京众多青菜品种中的佼佼者，具有“棵矮、梗白、叶肥、头大、心黄、无筋、鲜嫩”的特点。南京名菜“炖菜核”就是用矮脚黄的菜心炖制的，据说清代有位大臣住在南京万竹园里，天天吃矮脚黄都不觉得厌烦。

细细想来，菜饭如此朴实无华，不过是一碗白饭，几棵青菜，一小块肉，竟然成了重要节气里的必食菜肴，且代代相传，着实有些不可思议。转念再想，这或许正是因为它的“家常味”。旧时物资匮乏，在许多人的童年记忆里，“猪油拌菜饭”就是最香的美食。

尽管人们的生活越来越好，但菜饭熟悉的味道早已留在了胃里和记忆里。1922年，徐志摩从英国留学归国，途中，他写下了《马赛》一诗，其中几句写道：“我爱欧化，然我不恋欧洲；此地景物已非，不如归去；家乡有长梗菜饭，米酒肥羔……”浪迹天涯的游子念念不忘的，还是家乡那一碗朴素的菜饭。

大寒

寒气之逆极，故谓大寒。

第一部分

气象特征

每年 1 月下旬，大寒节气如约而至。一般年份，大寒在 1 月 20 日或 21 日。不过，和我们普通的认知不同，大寒时我国西北、华北最冷的时候已经过去，寒潮发生的频率并不高。当然，不来则已，来则一鸣惊人。大寒时的寒潮往往裹挟暴雪、冻雨而来，势头凶猛，在雪后寒、雨后寒中，东北和南方地区往往会创造一年之中最低的气温纪录。

大寒时，我国的冬季范围已经开始缩小，明显比小寒时小了很多，但大寒时的极端低温比小寒时更厉害，尤其是东北和南方。这是因为大寒时水汽已经开始增多，在雨水和降雪裹挟下，更容易出现低温天气。

Boss级寒潮

正如前文所说，大寒时的寒潮发生频率并不高，而一旦寒潮来袭，定会惊天动地。2016年大寒节气时，有一股寒潮创造了多项低温纪录，我们称之为“Boss级寒潮”。在寒潮来之前，气象部门已经发布预报，称这股寒潮将是这个冬天里最强的。事实证明，其导致的降温之凶猛，温度之低，均为2016年乃至21世纪以来最强。

气象爱好者撰写的回顾完整地记载了这次寒潮。在2016年1月20日,还没等南方从前一波冷空气影响中完全摆脱出来，Boss级寒潮已经拉开了帷幕,东北北部明显降温。1月21日，内蒙古东部额尔古纳最低气温降到了零下44.1℃,而南支槽带来的暖湿气流也适时大举北上，从华南北部到江南北部在20日相继出现降水,江淮和黄淮地区也在21日开始降水。从1月22日起，Boss级寒潮在我国大举南下，江南、华南多个地方的最低气温打破历史纪录，譬如上海的最低气温降到了零下7℃以下，广东珠江三角洲雪花飞舞，为1949年以来首次。

Boss级寒潮的降温幅度并不大，总体上也只是刚刚达到了寒潮的标准，远不如11月和3月的剧烈，但它的低温特别厉害，江浙沪不少地方的水管和水龙头被冻坏，漏水、溢水情况十分普遍。寒潮中，南方的蔬菜和水产被冻死无数，叠加春节因素，广东菜价飞涨。

在全球气候变暖的大背景下，出现如此强大的寒潮，是否可以说明全球气候变暖是个骗局呢？其实并非如此。这一次的寒潮恰恰是暖平流深入极地所致。更有可能的是，在中纬度持续变暖的背景下，极地与中纬度的温差加大，导致寒潮极端化。说起来，这还是全球气候变暖引起的，在此情形下，均温整体升高，同时天气极端化趋势明显，要么热得可怕，要么冷得可怕。

最危险的不是雪

下雪很浪漫，但下雪也很危险。在暴雪和积雪之中，交通事故发生的概率会大大增加。不过相比而言，下雪并不是最危险的，冻雨和道路结冰更加危险。如2018年大寒节气前后，江西北部近地面气温低于0℃，半空中气温高于0℃，雨滴落到地上瞬间结成冰，是为冻雨。冻雨天气的灾害性丝毫不输暴雪，一切露天物体都被一层坚冰覆盖，交通和供电都受到严重威胁，事故风险大大增加。

南方雪盛

大寒节气，往往是南方降雪概率最大，也是雪量最大的时候。譬如2008年大寒节气前后，我国南方遭遇了罕见的雨雪冰冻天气。在这次的大寒暴雪中，南京、杭州、合肥等地都出现了大暴雪，积雪深度普遍达到30厘米以上。

不止是2008年，南方能成灾的雪一般都出现在大寒节气前后。2018年的这个时期，我国南方再度遭遇大范围强降雪，在暴雪中，合肥和南京的气温非常低，已经达到2008年暴雪时的低温水平。在如此低温下，积雪效率自然非常高，到暴雪结束时，合肥累计积雪达到了30厘米左右。在雪后辐射降温的作用下，安徽合肥的气温降至零下10.3℃，为2008年以来最低，而位于南京市区的玄武湖大面积结冰，景象多年罕见。

当然，南方指的不仅仅是长江流域乃至东南沿海，要说中国最常出现暴风雪的地方，如果西藏聂拉木说自己是第二，就没有地方敢争第一了。2019年大寒节气前后，聂拉木就出现了两次特大暴雪，其中1月26日累计降雪量达到61毫米，最厚积雪深度达73厘米；当地气象部门拍摄的视频中，气象站的工作人员在深达大腿的积雪里，顶着10级大风艰难行进。而在1989年，聂拉木曾经创造一天内降雪量196毫米、积雪深度230厘米的空前纪录！聂拉木成为暴风雪之都的原因也很简单，此地正好处于喜马拉雅山南坡迎风面上，只要冬天的水汽足够多，一场特大暴雪就会轻易而至。

最难受的也不是雪

俗话说得好，“下雪不冷化雪冷”。下雪时，因为水汽凝华放出热量，往往并不是很冷，尤其是南方下雪时，气温基本上都在0℃上下，达到零下3℃就是非常干冷的雪了。不过，雪停之后，在冷空气和雪后辐射降温的共同作用下，2018年大寒节气前后，湖北中北部迎来一波酷烈的雪后寒，随州气温跌至零下10.9℃，创当年冬季新低。随着1月28日、1月30日、2月2日三股冷空气接踵南下，长江沿线和江南北部的积雪区也陆续放晴，合肥、南京和武汉都有接近零下10℃的低温出现。1977年1月，武汉雪后气温曾达到过零下18℃。

而对于基本不下雪的广东来说，最难受的天气则是阴雨湿冷。仍以2018年大寒节气为例，当年广东中部一线、珠江三角洲大部分地区在冷雨中气温降至5℃左右，就连湛江也在这股阴雨中沦陷，气温仅6℃左右。更为重要的是，冷暖空气在华南沿海持续对峙三到四天。湿冷天气过去后，冷空气击退暖空气，低空冰冻线还向南进入珠江三角洲北部，广州郊区甚至出现霜冻。

第二部分

大寒三候

初候，鸡始乳。

二候，征鸟厉疾。

三候，水泽腹坚。

初候，鸡始乳。

鸡不是哺乳动物，“始乳”是什么意思呢？其实就是孵小鸡的意思。在大寒节气，野生动物难得一见，难以近距离观察，古人只好看看身边养的鸡，看到它们在大寒时节孵小鸡。因此，“鸡始乳”成了大寒的物候特征之一。

二候，征鸟厉疾。

在大寒时野生动物特别少见，还在活跃的动物尤其是鸟类，要经受住寒冷天气的考验，此时经常能看到凶猛的猛禽出来觅食。“征鸟厉疾”表面上看是猛禽变得更厉害了，实际上，在大寒时节只有这些厉害的猛禽才能时常出来活动。

三候，水泽腹坚。

大寒节气前后，河里、湖里的冰越发坚硬，从水边到河心、湖心都冻得结结实实，说明大寒节气确实非常寒冷。到大寒节气时，北方已经连续酷寒一个月左右了。

第三部分

节气习俗

祭灶词

[宋] 范成大

古傳腊月二十四，灶君朝天欲言事。
云车风马小留连，家有杯盘丰典祀。
猪头烂热双鱼鲜，豆沙甘松粉饵团。
男儿酌献女儿避，酹酒烧钱灶君喜。
婢子斗争君莫闻，猫犬角秽君莫嗔；
送君醉饱登天门，杓长杓短勿复云，
乞取利市归来分。

祭灶王

南北地区小年的时间相差一天，北方是腊月二十三，南方是腊月二十四。小年这天最重要的习俗就是“祭灶”。灶王爷是民间极为重视的居家神，被尊称为“灶君司命”，传说他是玉皇大帝亲封的“九天东厨司命灶王府君”，掌管人间灶火饮食，也就是说，全家人的肚子都受灶王爷的庇佑。由于灶王爷的神位设在灶间，人们做饭时的聊天闲话都能传到他的耳朵里，平时的道德品行也都被他看在眼里，因此，灶王爷还有另外一个重要职责，就是将这家人的善恶记录下来，岁末时一并报告给玉帝，玉帝依此进行赏罚。相传小年这天是灶王爷回天庭述职的日子，人们要举行“送灶”仪式，除了为灶王爷准备糖果、美酒等祭品外，还要为他的坐骑准备清水、料豆和秣草，让灶王爷有个愉快的好心情。

扫尘

扫尘，就是撸起袖子给家里做个大扫除。春节前的扫尘可不像平日里简单收拾屋子，而是要彻彻底底地把家里每个角落都清洁一新。有些人家还会粉刷墙面，糊上新的窗户纸，里里外外都要有新面貌。由于“尘”同“陈”谐音，民间把尘土视为“陈旧”的象征，扫尘就是把过去的倒霉事扫出家门，除旧迎新。

除夕

“二十三，糖瓜粘；二十四，扫房子；二十五，做豆腐；二十六，炖猪肉；二十七，宰年鸡；二十八，把面发；二十九，蒸馒头；三十晚上熬一宿，大年初一扭一扭，除夕的饺子年年有。”这是一首北方的忙年歌，以童谣的方式把春节前的习俗生动地描绘出来，民间各地都流传着具有当地特色的不同版本。在喜庆的忙忙碌碌中，人们迎来了腊月三十的除夕。除夕是农历年末的最后一天夜晚，在中国人心中极具特殊地位。在如此重要的日子里，头等大事就是祭祀先祖，全家老幼依次行祭拜之礼。吃过丰盛的年夜饭，全家人在守岁中迎接新年。

第四部分

花开时节

睡香花

［宋］张景修

曾向庐山睡里闻，香风占断世间春。
窃花莫扑枝头蝶，惊觉南窗半梦人。

瑞香

瑞香盛开在每年的3月到5月，数朵小花簇生在枝顶，花瓣外面是紫红色，内面为淡粉色。瑞香最不一般的地方在于它的香气，人称“千里香”。按说用千里飘香来形容，足能让人感受到花香浓烈的程度。但古人觉得远远不够，干脆称它“花贼”，偷来世间所有花香占为己有，如果其他花闻到它的香气，便会因自愧不如而凋落。关于“瑞香”名字的由来，还有一个传说故事。庐山有位和尚，一天正在幽谷之中酣睡，隐约闻到一股奇香，醒来后顺着香气寻去，找到一种从未见过的花，就称它为“睡香”。世人认为此花有祥瑞之气，改称“瑞香”。

兰花

兰花是兰属植物的总称，作为我国传统名花的兰花，通常指的是“国兰”，如春兰、惠兰、建兰、墨兰、寒兰等。大寒节气里盛开的兰花有春兰、墨兰等，春兰的花期在1月到3月，墨兰在10月到翌年3月。古人将兰花分为两类，一莛一花的称为“兰”，如春兰；一茎多花的称为“蕙”，如蕙兰。兰花的香气幽远芬芳，但不像瑞香那般具有侵略性。孔子曾于幽谷赏兰，并将其比喻君子美德：“芝兰生幽谷，不以无人而不芳，君子修道立德，不为穷困而改节。”在所有兰花品种中，文人们往往更加推崇花色素净、没有任何杂点的素心兰，认为这样的兰花最具高洁淡雅的君子气质。

山矾

野生山矾多生长在南方山林间，花色洁白，花瓣五片。花朵虽小，但生得繁密，每年在2月到3月，山矾树的枝头好似落满了皑皑白雪。诗人黄庭坚是出了名的爱花之人，山矾这个名字也与他有关，他在《戏咏高节亭边山矾花二首》序中写道："江湖南野中，有一种小白花，本高数尺，春开极香，野人号之郑花。"王安石被这种花吸引，打算移植栽培，作诗歌咏，却嫌郑花这个名字不好听。黄庭坚提议将它改名为"山矾"，原因是当地人常用这种花的叶子代替矾石，作为染料使用。

第五部分

八宝迎新春

大寒节气一到，春节就近在眼前了。全国各地尤其是江南地区，盛行吃八宝饭。八宝饭中的八种配料，不仅颜色各异，而且个个有吉祥的寓意，用“八宝”迎接新春的到来，再适合不过了。

八宝饭

大寒是二十四节气中的最后一个节气，脚步离春节又近了些。大寒这天，全国各地尤其是江南地区，盛行吃八宝饭。八宝饭中的八种配料，不仅颜色各异，而且个个有吉祥的寓意，用“八宝”迎接新春的到来，再适合不过了。

八宝饭由于味道甜美，外形“圆圆满满”，往往在宴席上压轴出场。梁实秋先生曾写有《八宝饭》一文：“席终一道甜菜八宝饭通常是广受欢迎的，不过够标准的不多见。其实做法简单，只有一个秘诀——不惜工本。八宝饭主要的是糯米，糯米要烂，越烂越好。”文中提到的传统做法是：把莲子、桂圆等果料铺在碗底，放进糯米，再填入豆沙，上笼蒸熟后，把碗翻过来倒扣到盘子里，最后浇上冰糖汁。

相传，八宝饭最早起源于武王伐纣的庆功宴。周武王率诸侯打败暴虐无道的纣王后，在西周国都举行盛大的庆典活动。八位有功之士在宴席上受到众人的称誉。在场的庖人见此场景深受触动，挑选出八种珍品代表“八士”，烹制出一种全新的佳肴，被人们命名为“八宝饭”。

不过民间普遍认同的另一种说法是，八宝饭源于古代的八宝图。八宝图是我国传统民俗建筑上常见的一种装饰图案，绘有和合、玉鱼、鼓板、磬、龙门、灵芝、松、鹤八种祥瑞之物，隐含的寓意与八宝饭中的八种配料相对应，例如，薏米仁是仙鹤的化身，象征长寿；瓜子仁是鼓板的另一种形式，象征平安；红梅丝的颜色与龙门相同，意在鼓励人们奋发进取。

梁实秋先生说：“食物，是回溯那个迷人时代的一座桥。”在每个特别的节气里，我们品尝着千百年前古人创造出的美食，他们顺应气候变化，使我们的餐桌变得丰盈而合理；连同美食一起传承的，还有古人对待生活的积极态度和无限的期许。

糖瓜

“二十三，糖瓜粘，灶君老爷要上天。”民间吃糖瓜的习俗源于“祭灶王”。人们对这位灶王爷是又爱又怕，爱的是希望灶王爷在玉皇大帝面前多说自家的好话，同时，又生怕他打自己的“小报告”。为此，祭灶时人们会给灶王爷送上丰盛的祭品，让他酒足饭饱后心满意足地去交差。即便如此，还是不能完全放心，于是又想出用糖瓜、糖饼祭灶的办法，目的是让灶王爷的嘴变甜，说出的都是“甜言蜜语”，“上天言好事，下界保一家平安”。

在甘蔗传入我国之前，麦芽糖一直是最主要的甜味剂。祭灶的糖瓜就是用麦芽糖制作而成，要经过熬糖、拔糖、成型等多道工序。根据邓云乡先生在《增补燕京乡土记》中的记述，做糖瓜时，要先从熬好且冷却过的麦芽糖上敲下一块，放在案板上加热揉搓，使它软得像嚼过的口香糖一样。然后把它绕成一个圆圈，套在一个抹了油的木桩上，用一个小木棍套上来拉，拉长了再折一转，绞成麻花状再拉，如此反复，直到颜色从原先的褐色变成白色。这时就可以取下来，粗长的糖条每隔一段就用手勒细，稍微冷却后，从细腰处快刀切断，像小南瓜一样的糖瓜就做好了。

这一天，孩子们总是喜滋滋地和灶王爷一起吃糖瓜。糖瓜中间是空心的，敲碎后拿上一小块放进嘴里，既香又脆，既甜又黏。能吃到如此美味的佳肴，想必灶王爷一定会在天上为人间多多美言。

参考书目

邱丙军.中国人的二十四节气[M].北京：化学工业出版社，2018.

赖国清.漫品二十四节气[M].广西：广西师范大学出版社，2018.

殷登国.中国的花神与节气[M].天津：百花文艺出版社，2008.

文震亨.长物志[M].南京：江苏凤凰文艺出版社，2015.

李时珍.本草纲目[M].北京：北京联合出版公司，2015.

李渔.闲情偶寄[M].北京：知识出版社，2015.

殷若衿.草木有趣：跟着二十四节气过日子[M].北京：中信出版集团，2019.

宋瓷.人间有草木：女子赏花手记[M].南京：江苏凤凰文艺出版社，2018.

周文翰.花与树的人文之旅[M].北京：商务印书馆，2016.

贾祖璋.花与文学[M].北京：中国国际广播出版社，2017.

石继航.四时花令：古诗词中的花意诗情[M].广州：广东人民出版社，2017.

汪劲武.轻轻松松认植物（第2版）[M].北京：化学工业出版社，2016.

刘夙.发现植物：路边的植物[M].上海：少年儿童出版社，2018.

赵玲.四季观花图鉴[M].北京：化学工业出版社，2016.

傅维康.民以食为天：百种食物漫话[M].上海：上海文化出版社，2017.

阿蒙.时蔬小话[M].北京：商务印书馆，2014.

刘学刚.舌尖上的节气[M].北京：中华工商联合出版社，2015.

梅依旧.节气厨房[M].南京：江苏凤凰文艺出版社，2019.

刘光达.千古食趣：说说吃的那些事儿[M].武汉：湖北科学技术出版社，2015.